高等职业教育项目课程改革规划教材

通信产品造型设计

主　编　黄承俊　王秀峰
参　编　张　肖　卓　丽
主　审　汪立极

机 械 工 业 出 版 社

本书是以工业设计专业项目课程教学大纲为依据编写的一本通信产品造型设计教材。本书按项目操作流程介绍了通信产品造型设计方法，同时介绍了运用CorelDRAW软件进行产品创意设计的方法和技巧。围绕典型案例讲解了各项目中所涉及的相关知识，即解决方案。

全书由5个项目组成：项目1通过对智能手机的设计，对使用二维软件绘制通信产品线框图作了初步介绍，包括基本命令、基本操作技巧；项目2通过对蓝牙耳机的设计，将重点放在线框图的设计及配色方案的设计；项目3的直板手机的设计，着重强调色彩填充设计技巧；项目4通过对滑盖手机的设计，对设计流程进行再次梳理，引入草图设计步骤、工艺文件、手板评估等；项目5通过对概念通信产品的设计，掌握对于特定人群通信产品造型设计的方法，加强对优良产品设计的思考与认识。

本书内容翔实、图文并茂可作为高职高专相关设计专业学生的教材和相关工业产品设计培训教材，也适合从事工业产品设计工作的广大初、中级读者阅读。

图书在版编目（CIP）数据

通信产品造型设计/黄承俊，王秀峰主编. —北京：机械工业出版社，2011.8
高等职业教育项目课程改革规划教材
ISBN 978-7-111-34672-2

Ⅰ. ①通… Ⅱ. ①黄… ②王… Ⅲ. ①通信设备—造型设计—高等职业教育—教材 Ⅳ. ①TN914

中国版本图书馆CIP数据核字（2011）第128995号

机械工业出版社（北京市百万庄大街22号 邮政编码100037）
策划编辑：边 萌 责任编辑：边 萌 宋林静
封面设计：鞠 杨 责任印制：乔 宇

北京汇林印务有限公司印刷

2011年8月第1版第1次印刷
184mm×260mm · 6印张 · 140千字
标准书号：ISBN 978-7-111-34672-2
0 001—3 000册
定价：38.00元

凡购本书，如有缺页、倒页、脱页，由本社发行部调换

电话服务
社服务中心：（010）88361066
销售一部：（010）68326294
销售二部：（010）88379649
读者购书热线：（010）88379203

网络服务
门户网：http://www.cmpbook.com
教材网：http://www.cmpedu.com

高等职业教育项目课程改革规划教材编审委员会

序

中国的职业教育正在经历课程改革的重要阶段。传统的学科型课程被彻底解构，以岗位实际工作能力的培养为导向的课程正在逐步建构起来。在这一转型过程中，出现了两种看似很接近，人们也并不注意区分，而实际上存在重大理论基础差别的课程模式，即任务驱动型课程和项目化教学课程。二者的表面很接近，是因为它们均强调以岗位实际工作内容为课程内容。国际上已就如何获得岗位实际工作内容取得了完全相同的基本认识，那就是以任务分析为方法。这可能是二者最为接近之处，也是人们容易混淆二者关系的关键所在。

然而极少有人认识到，岗位上实际存在两种任务，即概括的任务和具体的任务。如对商务专业而言，联系客户是概括的任务，而联系某个特定业务的特定客户则是具体的任务；工业类专业同样存在这一明显区分，如汽车专业判断发动机故障是概括的任务，而判断一辆特定汽车的发动机故障则是具体的任务。当然，许多有见识的课程专家还是敏锐地觉察到了这一区别，如我国的姜大源教授，他使用了写意的任务和写实的任务这两个概念。美国也有课程专家意识到了这一区别。他们提出的问题是："我们强调教给学生任务，可现实中的任务是非常具体的，我们该教给学生哪件任务呢？显然我们是没有时间教给他们所有具体任务的"。

意识到存在这两种类型的任务，是职业教育课程研究的巨大进步，而对这一问题的有效处理，将大大推进以岗位实际工作能力的培养为导向的课程模式在职业院校的实施，项目课程就是为解决这一矛盾而产生的课程理论。主张在课程设计中区分两个概念，即课程内容和教学载体。课程内容即要教给学生的知识、技能和态度，它们是形成职业能力的条件（不是职业能力本身），课程内容的获得要以概括的任务为分析对象。教学载体即学习课程内容的具体依托，它要解决的问题是如何在具体活动中实现知识、技能和态度向职业能力的转化，它的获得要以具体的任务为分析对象。实现课程内容和教学载体的有机统一，就是项目课程设计的关键环节。

这套教材设计的理论基础是项目课程。教材是课程的重要构成要素。作为一门完整的课程，我们需要课程标准、授课方案、教学资源、评价方案等，但教材是其中非常重要的构成要素，它是连接课程理念与教学行为的桥梁，是综合体现各种课程要素的教学工具。例如好的教材既要体现课程标准，又能为寻找所需教学资源提供清晰索引，还能有效地引导学生对教材进行学习和评价。可见，教材开发是项非常复杂的工程，对项目课程的教材开发来说更是如此，因为它没有成熟的模式可循，即使在国外我们也几乎找不到成熟的项目课程教材。然而，除这些困难外，项目课程教材开发还面临一项艰巨任务，那就是如何实现教材内容的突破，如何把现实中非常实用的工作知识有机地组织到教材中。

这套教材在以上这些方面都进行了谨慎而又积极的尝试，其开发经历了一个较长过程（约 4 年时间）。首先，教材开发者们组织企业的专家，以专业为单位对相应职业岗位上的工作任务与职业能力进行了细致而有逻辑的分析，并以此为基础重新进行了课程设置，撰写了专业教学标准，以使课程结构与工作结构更好地吻合，最大限度地实现职业能力的培养。其次，教材开发者们以每门课程为单位，进行了课程标准与教学方案的开发，在这一环节中尤其突出了项目载体的选择和课程内容的重构。项目载体的选择要求具有典型性，符合课程目标要求，并体现该门课程的学习逻辑。课程内容则要求真正描绘出实施项目所需要的专业知识，尤其是现实中的工作知识。在取得以上课程开发基础研究的完整成果后，教材开发者们才着手进行了这套教材的编写。

经过模式定型、初稿、试用、定稿等一系列复杂阶段，这套教材终于得以诞生。它的诞生是目前我国项目课程改革中的重要事件。因为它很好地体现了项目课程思想，无论在结构还是内容方面均达到了高质量教材的要求；它所覆盖专业之广，涉及课程之多，在以往类似教材中少见，其系统性将极大地方便教师对项目课程的实施；对其开发遵循了以课程研究为先导的教材开发范式。对一个国家而言，一个专业、一门课程，其教材建设水平其实体现的是课程研究水平，而最终又要直接影响到其教育、教学水平。

当然，这套教材也不是十全十美的，我想教材开发者们也会认同这一点。来美国之前我就抱有一个强烈愿望，希望看看美国的职业教育教材是什么样子，因此每到学校考察必首先关注其教材，然而往往也是失望而回。在美国确实有许多优秀教材，尤其是普通教育的教材，设计得非常严密，其考虑之精细令人赞叹，但职业教育教材则往往只是一些参考书。美国教授对传统职业教育教材也多有批评，有教授认为这种教材只是信息的堆砌，而非真正的教材，教材应体现教与学的过程。如此看来，职业教育教材建设是全球所面临的共同任务。这套教材的开发者们一定会继续为圆满完成这一任务而努力，因此他们定会欢迎老师和同学对教材的不足之处不吝赐教。

徐国庆

2010 年 9 月 25 日于美国俄亥俄州立大学

前　言

通信产品作为人们沟通联络的终端工具，在这个信息时代的社会里发挥着极其重要的作用。可以说是现代人类生活的必需品。很多通信产品具备了上网、娱乐、办公、学习等多种功能，未来的通信产品将创造出更多种沟通的方式，改变和影响着人类的生活。通信产品的设计与功能开发是根据各种客户群体的喜好及使用习惯而进行的，随着用户年龄范围的扩大以及性别、宗教、环境、生活方式的多样化，其开发范围和潜力正在无限扩大。

相比计算机行业的发展，手机的发展凸显了两个特征，很大程度上影响着手机的设计和开发。首先，手机是一个人们随身携带、和其生活方式紧密联系着的产品，人们需要即时使用的功能对手机的发展有直接影响，因此手机造型和功能的发展更加注重于手机与用户生活方式的紧密联系；其次，手机产业的多方参与者之间联系更加紧密，而这些参与者都能直接影响到手机设计的可用性。因此，手机的设计发展基于产业内战略性技术联盟，在提供多种服务的过程当中担任重要角色。

随着手机普及程度的提高，手机成为消费者随身携带、生活中不可或缺的伴侣，其“消费电子产品”的特征远远大于其通信特征，消费者对产品外观的需求也在不断提高，这就意味着通信产品造型设计行业将有很长的路要走。近些年来国内开设工业设计专业的高职院校越来越多，然而针对高职类工业设计专业的教材相对较少。

以图例分析为基础，以计算机操作步骤为示范，循序渐进地阐述通信产品造型设计流程是本书的编写特点。从智能手机设计到蓝牙耳机设计，从直板手机设计再到滑盖手机设计，使读者对通信产品造型设计逐渐地深入了解。编写本书有两个目的：一是作为通信产品造型设计项目的方向；二是培养学生使用二维软件制作效果图的基本技能。本着上述思路，本书在编写上突出了以下四个方面。

1. 设计流程

在项目 1 中主要涉及二维软件绘制通信产品效果图的操作流程，项目 4 中对整个造型设计流程从调研到草图到效果图进行了完整介绍，同时对草图设计流程也进行了描述。

2. 操作技巧

在具体软件操作中使用菜单操作还是快捷键操作均有介绍。快捷键操作并不是必须的，但可以大大提高设计速度。读者可以根据自身情况进行选择。

3. 资料收集

每个项目开始前都应收集相关资料作为参考。本书对资料收集和分析作了具体的指导，即通过什么样的资料收集达到什么样的目的。

4. 扩展阅读

为了使学生扩展知识，深入了解设计中的精髓，提高他们的知识应用水平，本书在每个项目中都开辟了扩展阅读专栏，这些专栏具有很强的可读性，有助于学生扩展学习的视野。

全书由 5 个项目组成：项目 1 通过对智能手机的制作，对使用二维软件绘制通信产品效果图作了初步介绍，包括基本命令、基本操作技巧；项目 2 通过对蓝牙耳机的设计，将重点放在线框图的设计及配色方案的设计；项目 3 通过对直板手机的设计，着重强调色彩填充设计技巧；项目 4 通过对滑盖手机的设计，对设计流程进行再次梳理，引入草图设计步骤、工艺文件、手板评估等；项目 5 通过对概念通信产品的设计，掌握对于特定人群通信产品造型设计的方法，加强对优良产品设计的思考与认识。

在编写本书过程中，参考了国内外众多工业设计专业书籍，查阅了通信产品造型设计相关资料，同时也调研了多家通信产品设计企业，获得了一些宝贵的资料，对此一并表示感谢。

由于作者水平所限，书中难免有不妥之处，敬请读者批评指正。

编　者

目　　录

项目5 概念通信产品的设计

项目 1　智能手机制作案例

本项目以 iPhone 系列智能手机为例，使用二维平面软件——CorelDRAW X3，运用其中简单有效的命令绘制效果图，从轮廓线框绘制到效果填充以及材质的塑造。

产品设计师职业素养之职业行为习惯一

善于在模仿中学习与提高

模仿行为是高级生命共有的本质特征。美国心理学家称：作为人的行为模式之一，模仿的过程是学习的过程。在学习过程中使用模仿手段，从行为本身来看，应该算是一种抄袭，是创造的反义词，它不能表现出自身的技术或能力。但是应该看到，许多成功的发明或创造都是从模仿开始的，模仿应该视为一种很好的学习方法。

对于初学者来讲，不能期待一夜就能妙笔成花，应该老老实实地从模仿他人的设计开始，这就如同学习书法需要临摹一样，要把模仿作为学习的入门起点。因此，对初学者提出的建议是：要尽快找到自己钦佩和喜欢的设计师，并从现在就开始有意识地模仿他的设计技巧和风格，以此来培养感觉和练习技巧。在这个学习阶段，还需要不断地“喜新厌旧”，从这里学到一点，再从那里学到一点，最终能发现自己的长处，并且形成自己的设计风格。

需要注意的是，任何一种好的学习模式都需要有正确的方法，如果对别人作品的模仿是一成不变的，那不是真正意义上的学习，会举一反三，才是模仿学习的意义所在。

学习目标

- 能确定智能手机尺寸及比例。
- 掌握 CorelDRAW X3 的基本操作命令。
- 掌握 CorelDRAW X3 的色彩填充技巧。

制作任务

- 要求以尺寸定位 iPhone 手机轮廓。
- 用基本命令绘制 iPhone 手机线框图。
- 对智能手机作色彩填充及材质塑造。

依据表 1–1 所示的设计任务书展开 iPhone 智能手机制作任务。

表 1-1　项目 1 的设计任务表

项 目 名 称	iPhone 智能手机制作
项 目 要 求	比例尺寸符合人体工学要求 线框图清晰流畅，零件布局合理，视图准确 色彩搭配协调，效果表现逼真
主 屏 尺 寸	3.5in（1in=2.54cm）
规 格 要 求	115.5mm × 62.1mm × 12.3mm
备　　注	20 课时完成作品并提交

制作前的分析

1. 什么是智能手机

所谓智能手机（Smart Phone），是指“像个人电脑一样，具有独立的操作系统，可以由用户自行安装软件、游戏等第三方服务商提供的程序，通过此类程序来不断对手机的功能进行扩充，并可以通过移动通信网络来实现无线网络接入的这样一类手机的总称”。简单地说，智能手机就像计算机一样可以通过下载安装软件来拓展手机出厂的基本功能。例如，多普达

Touch 系列智能手机如图 1-1 所示；Treo 系列智能手机 680、650 如图 1-2 所示；iPhone 系列智能手机如图 1-3 所示。

Touch Pro（T7278）

Touch Diamond（S900）

图 1-1　多普达 Touch 系列智能手机

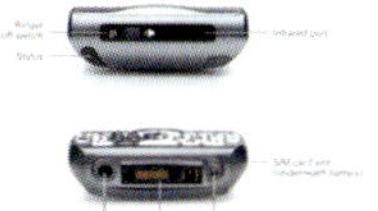

Palm 680

Palm 680

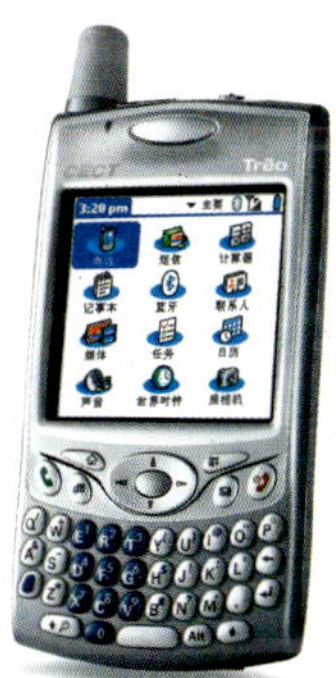

Palm 650

图 1-2　Treo 系列智能手机

第一代 iPhone

iPhone 3G

iPhone 3GS

图 1-3　iPhone 系列智能手机

2. 对 iPhone 3G 手机的分析

iPhone 3G 是一个把宽屏 iPod、与众不同的网络设备以及具有创新意义的手机结合起来的产品。机身尺寸为 115.5mm × 62.1mm × 12.3mm，重量为 133g，其手感的表现到位。iPhone 3G 的屏幕采用 3.5in 的 1 600 万色 TFT 显示屏，分辨率为 320 × 480 像素。

设计者对 iPhone 手机表面进行了一键设计，手机的 UI（User Interface，用户界面）交互设计的易用性、可操作性上颇具个性，从而赢得消费者的广泛青睐。前壳金属材料采用电镀工艺，后壳为塑胶材料，侧面和底面看上去都有弧度，造型简洁又手感极佳。

下面对 iPhone 3G 手机进行尺寸分析，如图 1-4 所示；部件分析如图 1-5 所示。

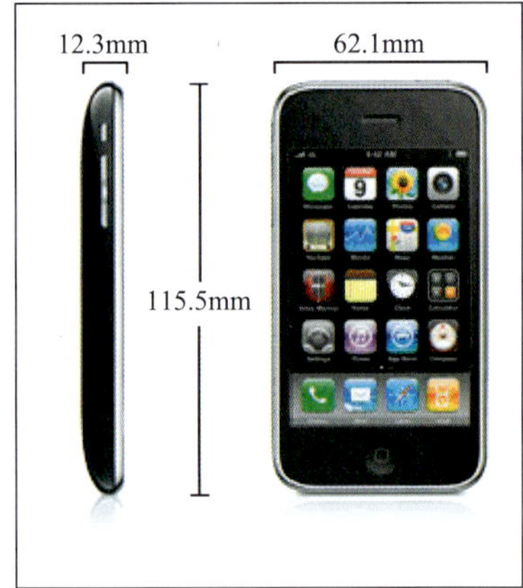

图 1-4 iPhone 3G 手机尺寸分析图

图 1-5 iPhone 3G 手机部件分析图

任务 1 智能手机线框图的绘制

1. 制作流程

在 CorelDRAW X3 的绘制流程中首先要了解的是绘画的步骤，运用准确的步骤可以极大地提高绘图效率，得到更真实的效果，并且给造型的改进、设计的输出都提供了高效的支持，如图 1-6 所示。

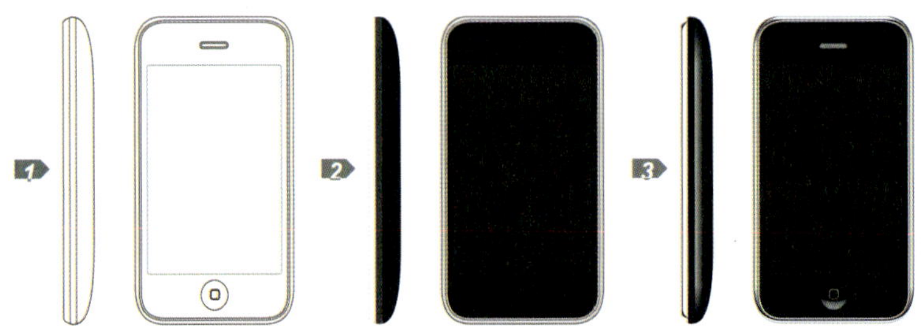

图 1-6 智能手机绘制流程图

图 1-6　智能手机绘制流程图（续）

1-轮廓整体框架的塑造　2-部件的颜色填充　3-前后壳质感表现　4-屏幕贴图　5-协调光影

要绘制一部手机，首先是绘制其基本轮廓，塑造正面和侧面轮廓，然后对各个部分进行色彩填充，再然后是对细节进行修饰以表现产品前后壳的质感，最终增加按键等细节处理，调整光影，协调整体效果，完成整个智能手机的绘制。

知识链接

CorelDRAW X3 是什么软件？

简单地说 CorelDRAW X3 是一款由世界顶尖软件公司之一的加拿大 Corel 公司开发的图形图像软件。其非凡的设计能力广泛地应用于商标设计、标志制作、工业产品设计、服装设计、模型绘制、插图描画、排版及分色输出等诸多领域。在商业设计和美术设计的 PC 上几乎都安装了 CorelDRAW 软件。如图 1-7a 所示。

在产品设计二维效果图表现方面，CorelDRAW X3 这类矢量软件的最大优势就是完成快速，修改方便快捷，而且不局限于单一表现手法，有多种方法可以实现图形表现。存储源文件小、输出打印方便、简单易懂、易上手是 CorelDRAW X3 用于产品效果图表现的优势所在。目前 CorelDRAW 的最高版本是 CorelDRAW X5，如图 1-7b 所示。该公司每隔一到两年就会更新软件，软件的更新和提高是永无止境的。本书所涉及的软件内容主要以 CorelDRAW X3 为例讲解。

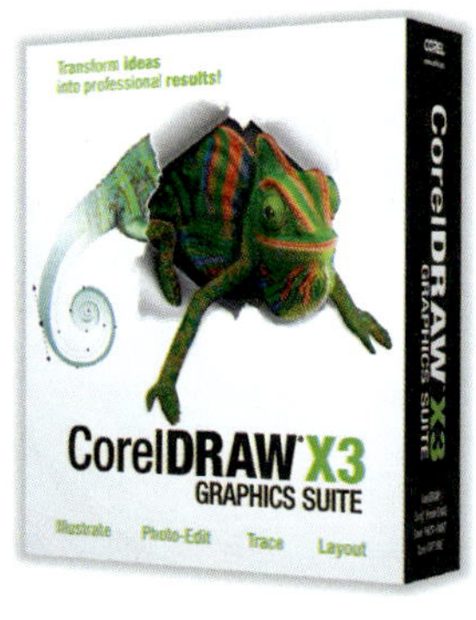

a）

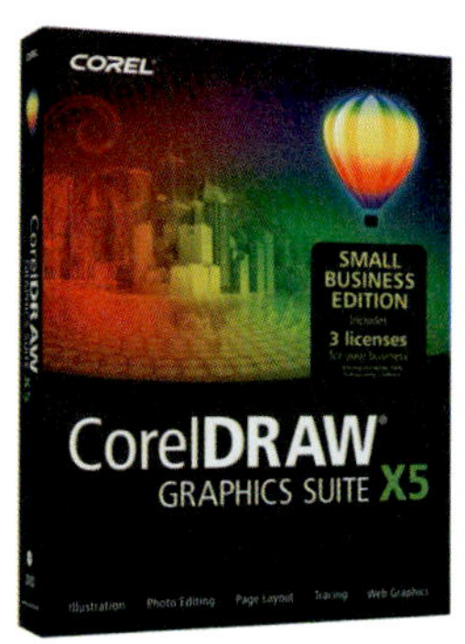

b）

图 1-7　CorelDRAW 软件

a）CorelDRAW X3　b）CorelDRAW X5

2. 智能手机轮廓的绘制

使用二维软件绘制工业产品时，轮廓线的绘制是第一步，而且是重要的一个步骤。它将决定整个产品的形态，要反复推敲才能决定。通过画辅助线建立矩形是比较准确的专业方法之一。

（1）新建文件并设置　打开 CorelDRAW X3 软件，执行“文件”→“新建”命令，新建一个文件。执行“版面”→“页面设置”命令，如图 1-8 所示。在弹出的“选项”对话框中，选中“横向”单选项。如图 1-9 所示。

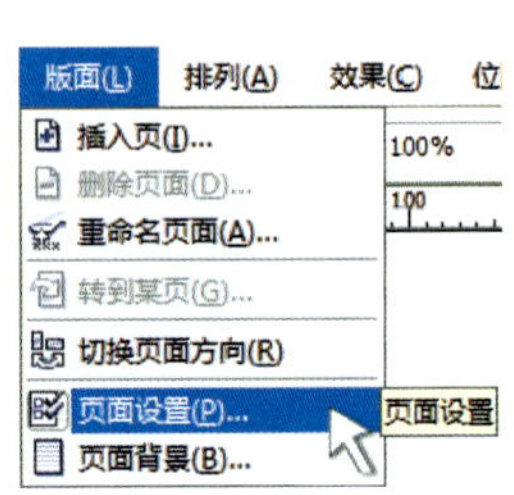

图 1-8　页面设置

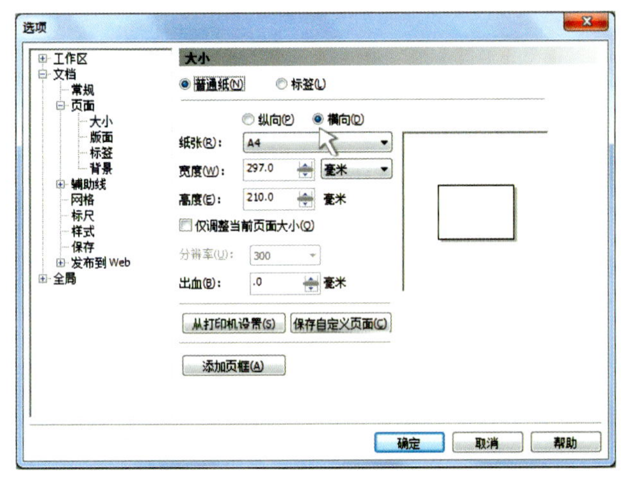

图 1-9　“选项”对话框（一）

（2）辅助线的设置　执行“视图”→“辅助线设置”命令，如图 1-10 所示。弹出“选项”对话框，选择“显示辅助线”和“对齐辅助线”复选项，如图 1-11 所示。选择该对话框左边的垂直树形菜单中“文档”→“辅助线”→“水平”命令，输入水平参数为“0”并进行“添加”操作，再输入“115”并进行添加操作。单位均选择为“毫米”，如图 1-12 所示。用同样的方法设置垂直参数，选择“文档”→“辅助线”→“垂直”命令，分别输入“0”、“62.1”并进行添加，如图 1-13 所示。单击“确定”按钮完成设置。可发现在新建的页面里出现了四条辅助线。如图 1-14 所示。

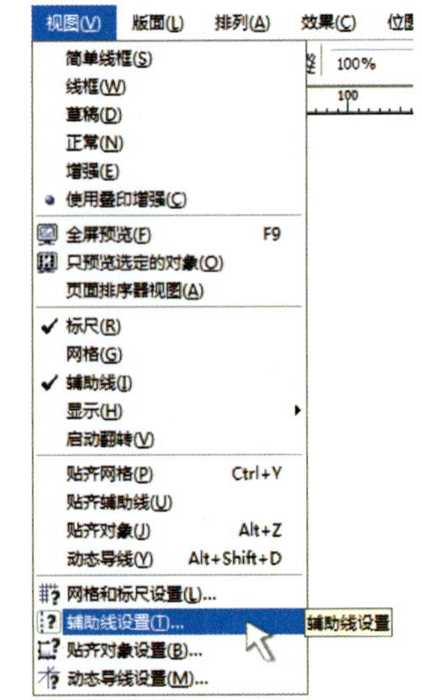

图 1-10　辅助线设置

经过设置后还要保证辅助线生效，执行“视图”→“贴齐辅助线”命令，如图 1-15 所示。选择工具栏中“矩形”工具，将鼠标移至辅助线上时就会显示“边缘”，如图 1-16 所示。将鼠标移至辅助线的交叉位置就会显示“交叉”，如图 1-17 所示。说明“贴齐辅助线”命令设置成功，则可以保证下面画的所有线条都能自动捕捉辅助线。如果要取消贴齐操作，则同样执行“视图”→“贴齐辅助线”命令进行取消。

（3）绘制并调整矩形　选择矩形工具，在左上角辅助线交叉点单击鼠标左键进行拖动，在右下角辅助线交叉点释放鼠标左键完成智能手机的主体轮廓基本形的绘制，如图 1-18 所示。在整个绘制过程中都捕捉辅助线的边缘线，即保证所绘制的矩形符合预

定规格尺寸 115.5mm × 62.1mm。

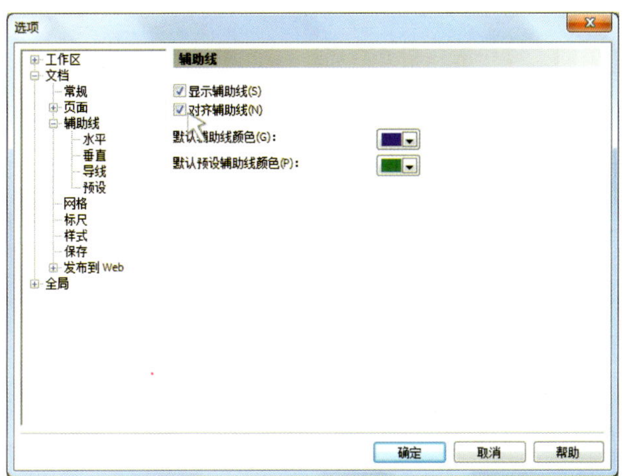

图 1-11　“选项”对话框（二）

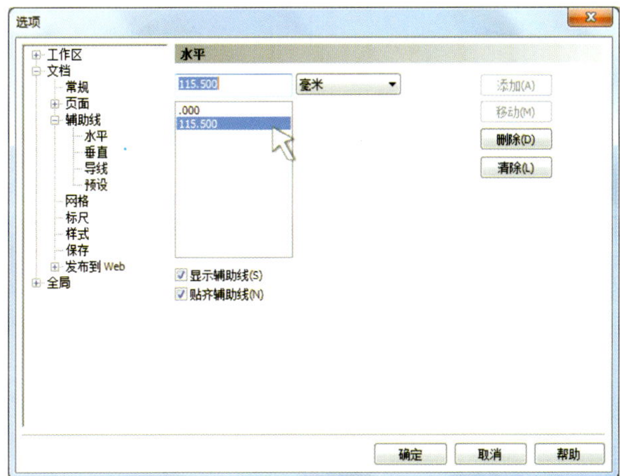

图 1-12　水平辅助线设置

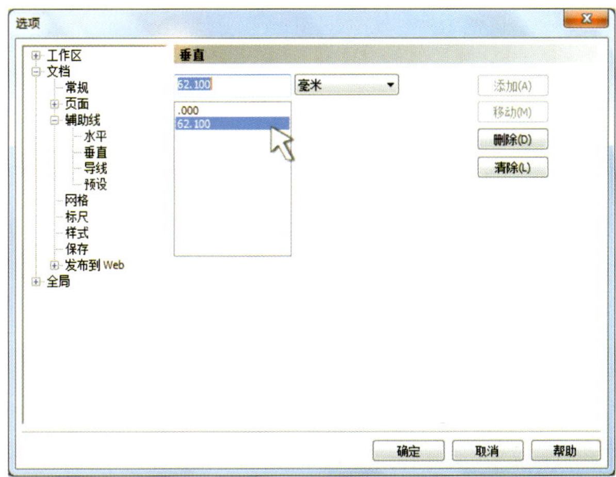

图 1-13　垂直辅助线设置

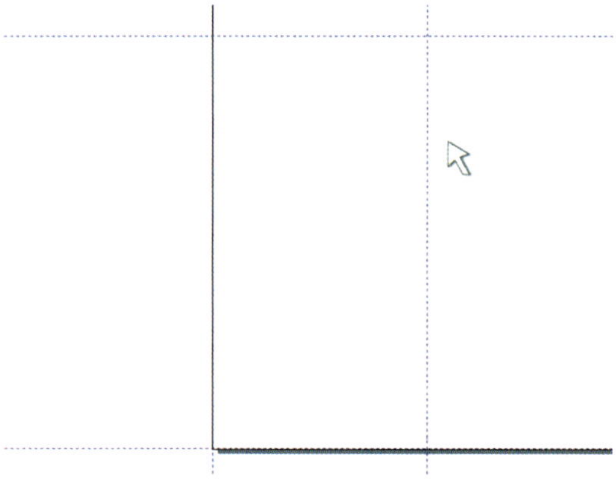

图 1-14　页面中的辅助线

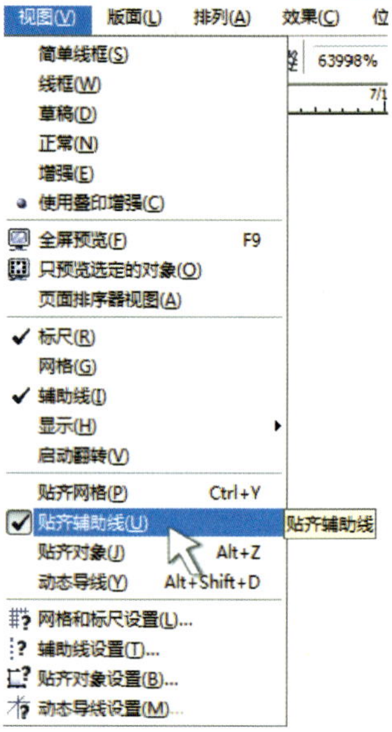

图 1-15　贴齐辅助线

图 1-16　辅助线边缘

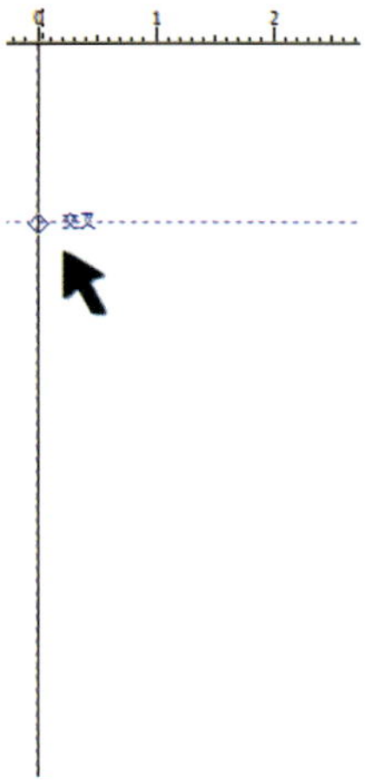

图 1-17　辅助线交叉

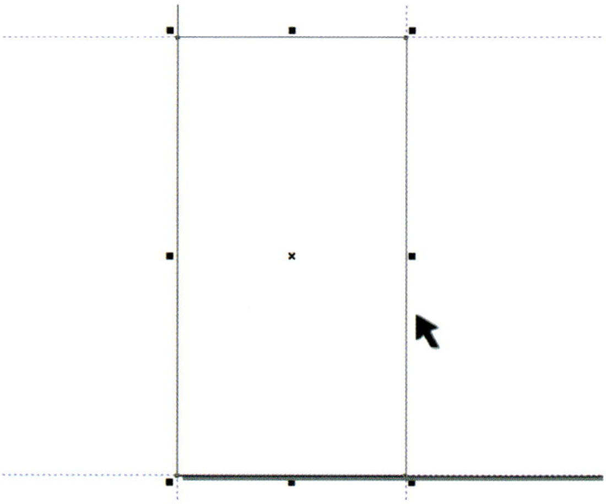

图 1-18　主体轮廓的基本形

小技巧

如何快速复制物件

若要在原始图形对象的顶部放置对象副本，则按数字小键盘上的加号“+”键即可，如图 1–19a 所示。将创建物件填充为红色，可以看到创建的对象副本位于原始图形的上层。如要创建多个副本，则在移动、旋转或变形对象的同时，多次按空格键即可，如图 1–19b 所示。

（4）倒角并调整矩形　选择左侧工具栏中形状工具，在该对象矩形的任意角点位

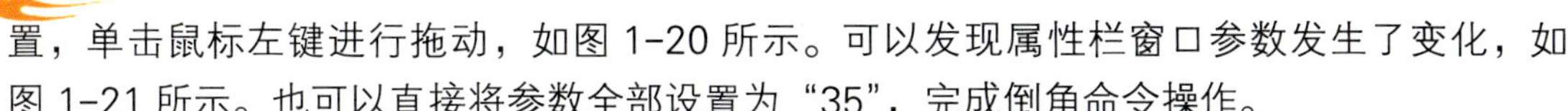
置，单击鼠标左键进行拖动，如图 1-20 所示。可以发现属性栏窗口参数发生了变化，如图 1-21 所示。也可以直接将参数全部设置为“35”，完成倒角命令操作。

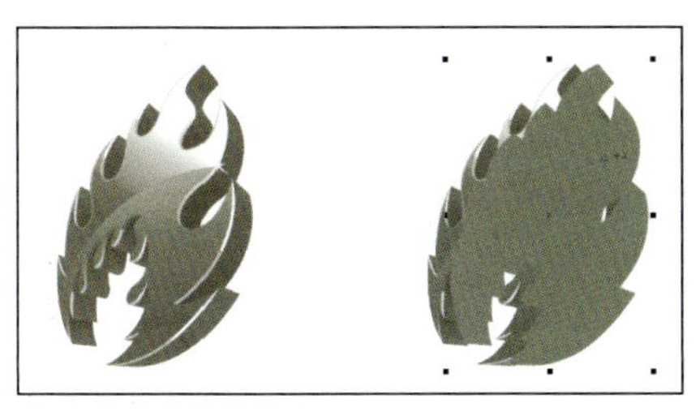

a）

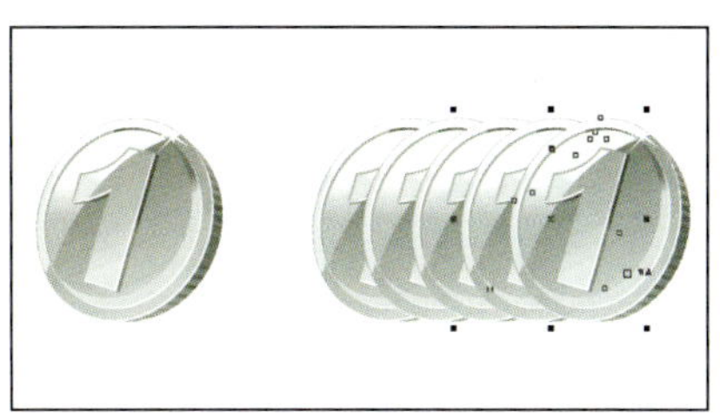

b）

图 1-19　复制对象

a）在原对象的顶部创建对象副本　b）创建多个副本效果

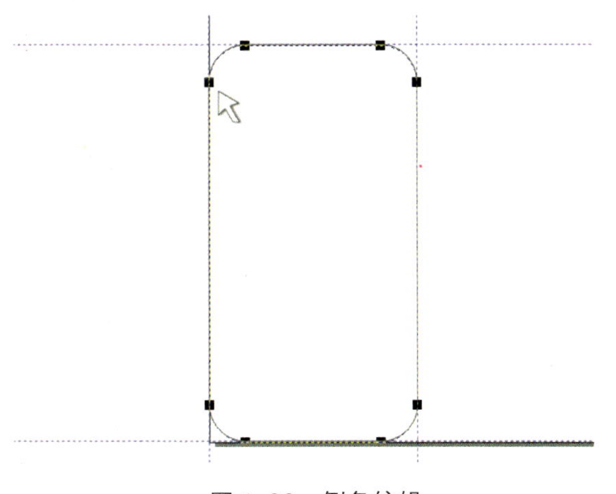

图 1-20　倒角编辑

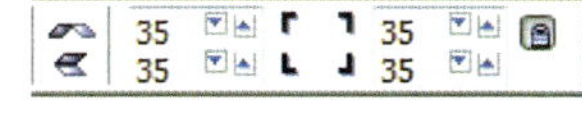

图 1-21　属性栏窗口

（5）复制矩形调节尺寸　选择倒角矩形对象，执行复制对象命令对该矩形进行复制。也可以使用快捷键【Ctrl+C】进行复制，使用【Ctrl+V】快捷键进行粘贴。完成此项操作后，对复制生成的新倒角矩形对象修改尺寸。在属性面板中将宽度和长度分别修改为 57.40mm 和 110.60mm。如图 1-22、图 1-23 所示。注意在该属性面板右侧的小锁图标进行单击操作，将其设定为“不成比例的缩放”模式。如果设定为“调整比率”模式，则可再次进行单击操作。图 1-24 所示为调节完成的矩形。

x: 31.05 mm　y: 57.75 mm　62.1 mm　115.5 mm　100.0　100.0　%　%

图 1-22　属性栏窗口修改前

x: -52.093 mm　y: 58.15 mm　57.4 mm　110.6 mm　100.0　100.0　%　%

图 1-23　属性栏窗口修改后

（6）微调节点位置　选择上一步操作中生成的倒角矩形对象，单击鼠标右键，在弹出的快捷菜单中执行“转换为曲线”命令，如图 1-25 所示。再选择左侧工具栏中形状工具进行节点微调，同时选择对象中 1 号和 2 号两个节点，单击鼠标左键向上拖动，然后释放鼠标，如图 1-26 所示。用同样的方法调节 3 号和 4 号两个节点，单击鼠标左键向下进行拖动，然后释放鼠标，如图 1-27 所示，完成微调节点操作。

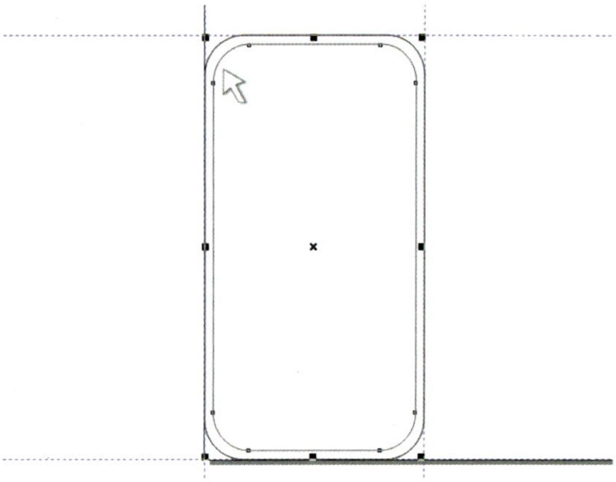

图 1-24　复制矩形

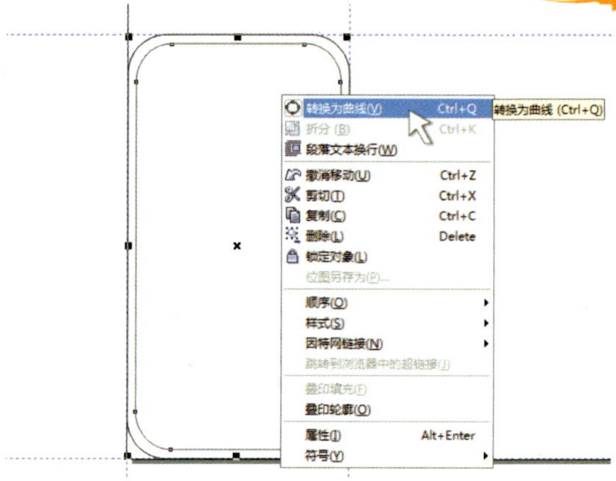

图 1-25　快捷菜单

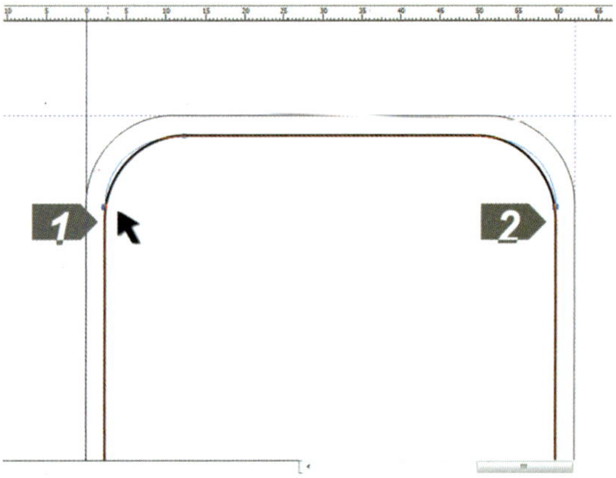

图 1-26　微调节点（一）

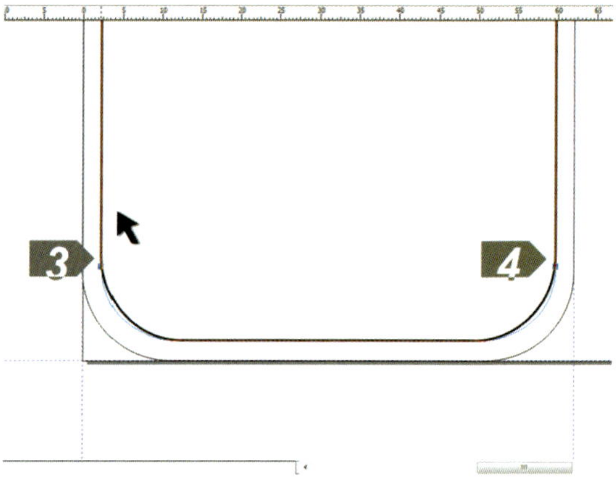

图 1-27　微调节点（二）

（7）矩形的偏移　选择上一步编辑好的对象，执行工具箱中交互式轮廓图工具命令，对目标对象进行 0.8mm 向外偏移，生成结果如图 1-28 所示。将属性栏的轮廓图步长“30”修改为“1”，如图 1-29、图 1-30 所示，即生成偏移新物件，如图 1-31 所示。

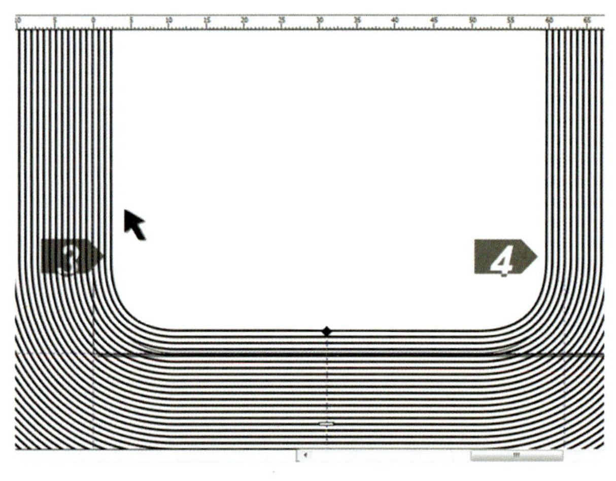

图 1-28　轮廓偏移

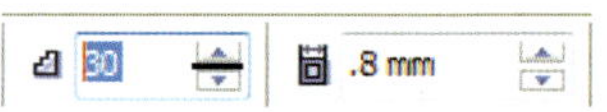

图 1-29　轮廓图步长（一）

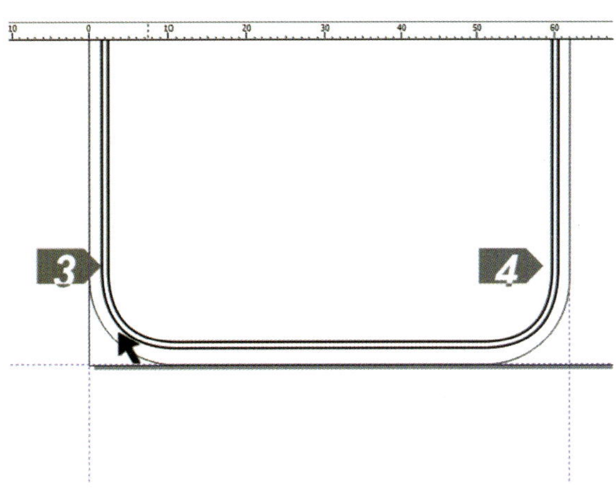

图 1-30　轮廓图步长（二）

图 1-31　生成新物件

小技巧

如何改变图形对象线条

为了在轮廓勾勒阶段便于显示清晰线条，往往采用将线条加粗或是改变色彩的方式。加粗线条的操作步骤为选择对象后，在属性栏对话框内默认的线框参数是“发丝”。将其更改为“0.35mm”即完成加粗操作，如图 1–32 所示。

图 1–32　属性对话框内线框参数的设置

图 1–33a 所示为改变前后的线条效果对比。

若要改变线条的色彩，选择目标对象后，将鼠标移动至软件界面右侧的调色板，在指定的色彩上单击鼠标右键完成线条色彩操作。局部色彩的改变就选择局部对象，整体色彩的改变就选择整个对象。如图 1–33b 所示。

a）

b）

图 1–33　线条的修改

a）线条的修改（一）　b）线条的修改（二）

（8）绘制屏幕线条　选择矩形工具，在视图任意位置绘制一个矩形，在属性栏中修改其参数尺寸为 52.70mm × 78.50mm，边角圆滑度参数修改为“3”，如图 1–34 所示。同时选择该矩形和前面生成的主体轮廓，执行“排列”→“对齐和分布”→“对齐和分布”命令，如图 1-35 所示。弹出“对齐和分布”对话框，横向选择“中”对齐，纵向也选择“中”对齐，如图 1-36 所示，完成屏幕线条的绘制操作。

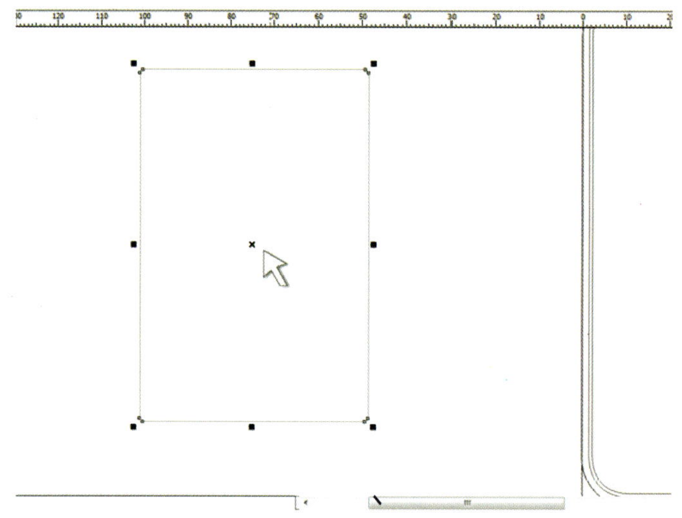

图 1-34　绘制屏幕矩形

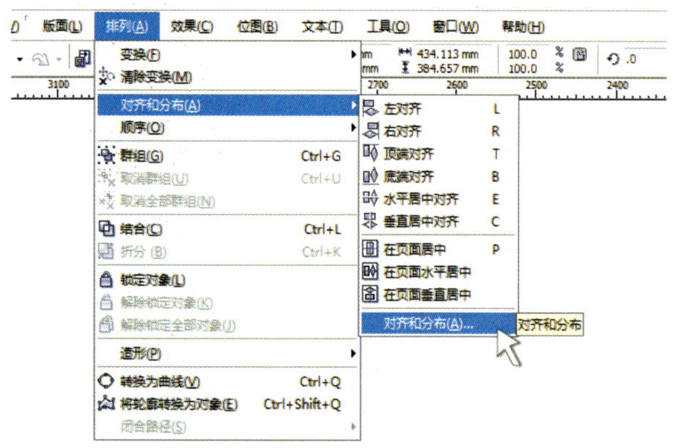

图 1-35　对齐和分布

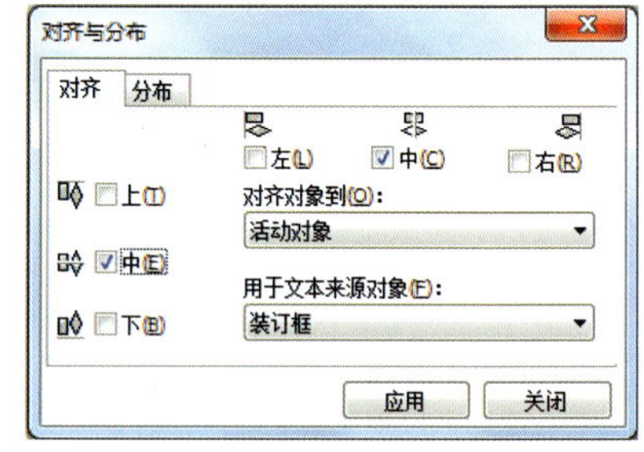

图 1-36　“对齐与分布”对话框

（9）绘制听筒线条　选择矩形工具在屏幕上端绘制一个参数为 11.53mm×2.56mm 的矩形，边角圆滑度参数全部修改为“100”，如图 1-37 所示。执行工具箱中交互式轮廓图工具命令，将听筒线条向内偏移“0.6mm”，在生成对象上单击鼠标右键弹出快捷菜单，如图 1-38 所示，执行“拆分轮廓图群组”命令，对偏移对象进行拆分操作，也可以使用快捷键【Ctrl】+【K】做同样的操作，完成听筒线条的绘制。如图 1-39 所示。

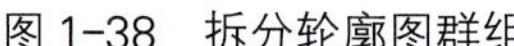

图 1-37　边角圆滑度

图 1-38　拆分轮廓图群组

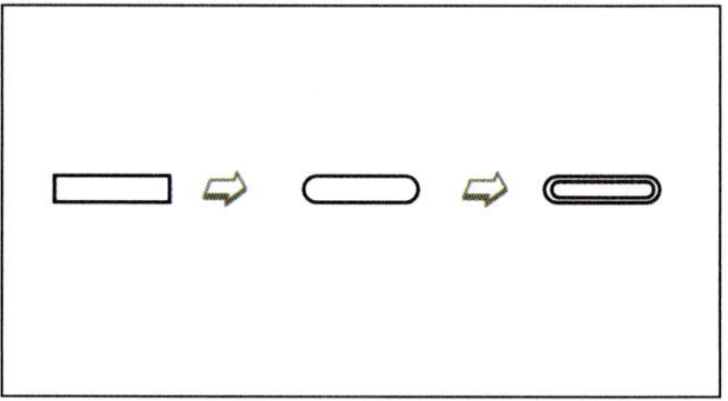

图 1-39　听筒绘制

（10）绘制按键线条　选择椭圆形工具，在屏幕下端绘制一个直径为 10.88mm 的圆形，使用“对齐和分布”命令将其与主体对象水平中对齐，选择矩形工具在屏幕上端绘制一个参数为 3.80mm×3.80mm 的正方形，偏移“0.35mm”放置于按键的中心位置，完成整个按键的绘制操作，如图 1-40 所示。将按键与主体对象水平方向对齐，得到智能手机正视图线框轮廓，如图 1-41 所示。

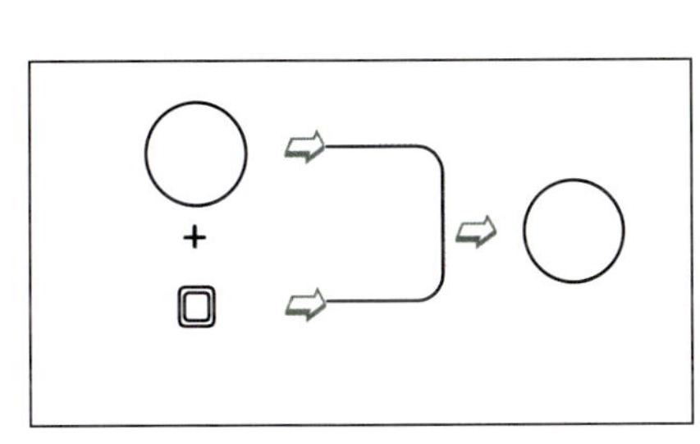

图 1-40　按键绘制

图 1-41　正视图线框轮廓

（11）绘制侧面线条　用同样的方法绘制出智能手机的侧面主体轮廓。注意其中设定侧面轮廓的总厚度为 12.30mm。完成绘制后放置在正视图左侧且纵向对齐，完成整个线框图的绘制，如图 1-42 所示。

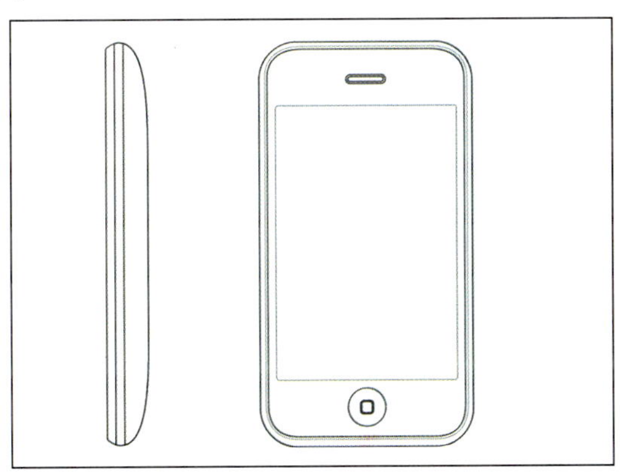

图 1-42　智能手机轮廓线

任务 2　智能手机色彩的填充

1. 整体填色

（1）填充前壳屏幕区域　选择手机前壳屏幕主体物件，单击左边工具栏中的填充工具如图 1-43 所示。选择其中的“填充对话框”或按快捷键【Shift】+【F11】，弹出“均匀填充”对话框，如图 1-44 所示，将该对话框中的“模型”选项设置为“RGB”，在对话框的“组件”栏分别将输入 6、11、13 三个数字。单击“确认”按钮完成填色。

图 1-43　填充工具

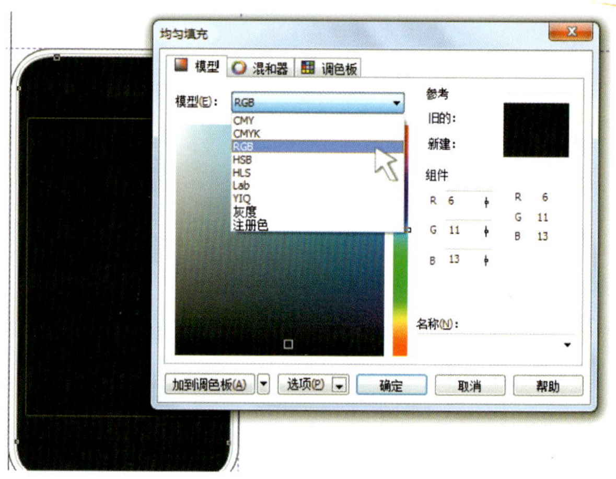

图 1-44　“均匀填充”对话框

（2）填充其他各部件　按（1）的方法依次为手机侧面填充颜色，为前壳填充底色。注意其中各个部件的“RGB”参数。如图 1–45、图 1–46 所示。

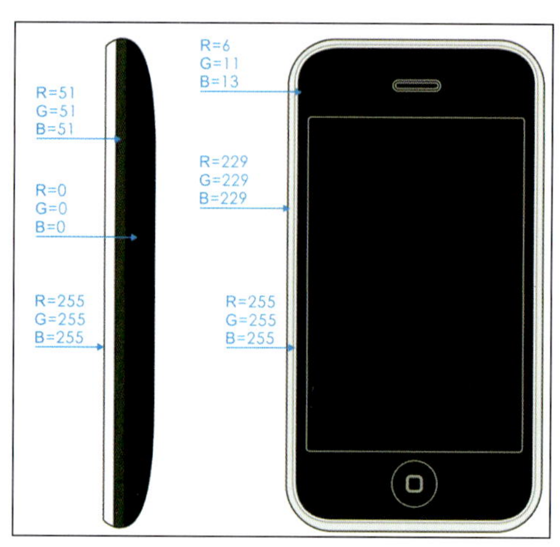

图 1-45　各个部件的 RGB 参数

图 1-46　填充完成后的效果

（3）前壳的光影效果　为了表达手机的前壳体感及四周的弧面效果，首先复制出前壳，然后进行适量缩小，可以按住【Shift】键进行等比缩放，如图 1-47 所示。将复制生成的物件填充为白色。使用交互式调和工具将前后两层混合在一起，如图 1-48 所示。完成调和后右键单击无色填充，这样可以去掉调和后产生的大量黑线条，如图 1-49、图 1-50 所示。

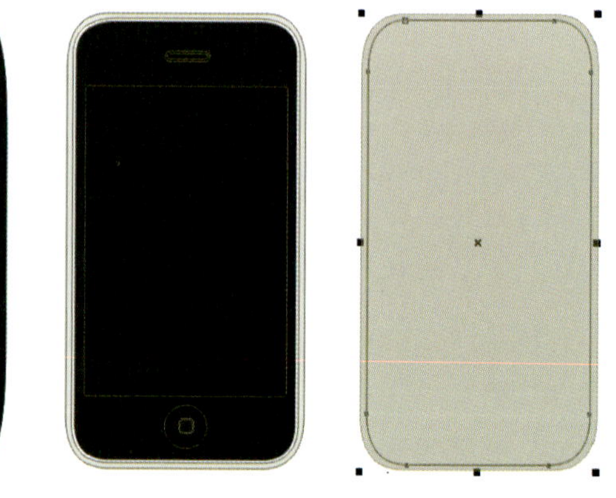

图 1-47　复制物件

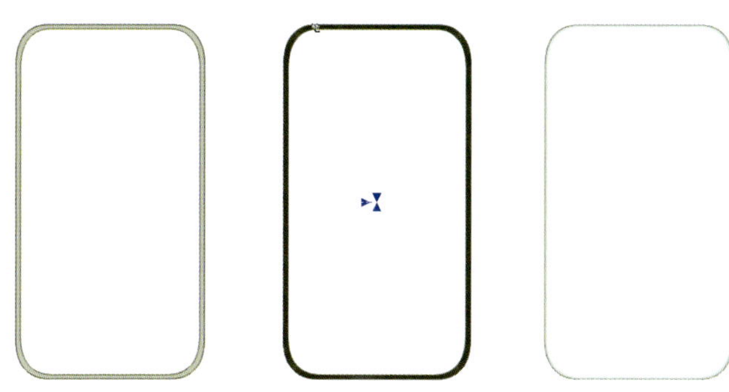

图 1-48　交互式调和

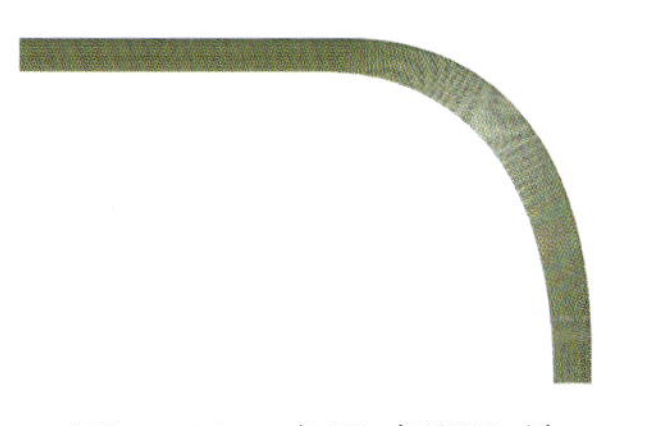

图 1-49　交互式调和前

图 1-50　交互式调和后

（4）恢复轮廓线　在去掉黑线条的同时会去掉前壳的轮廓线。若要恢复轮廓线，则将调和好的物件置入之前带轮廓线的前壳。于是首先复制前壳主体，然后在要被置入的物件上单击鼠标右键进行拖动，如图 1-51 所示，在拖动到置入物件上时才释放右键，此时产生菜单如图 1-52 所示，选择“画框精确裁剪内部”选项，得到需要的带有可调节轮廓线的前壳物件，如图 1-53 所示。

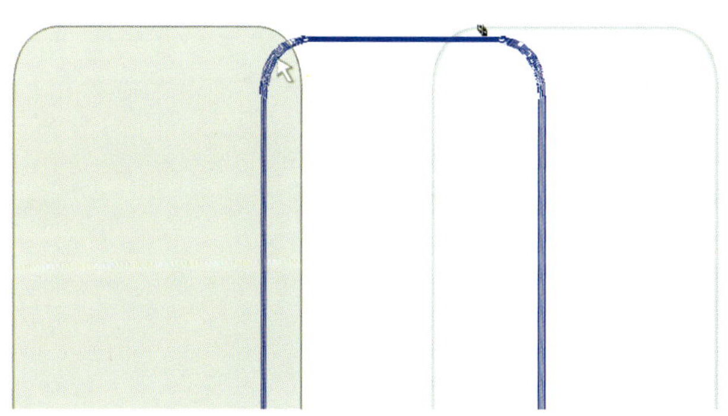

图 1-51　用鼠标右键拖动物件

图 1-52　释放右键弹出菜单

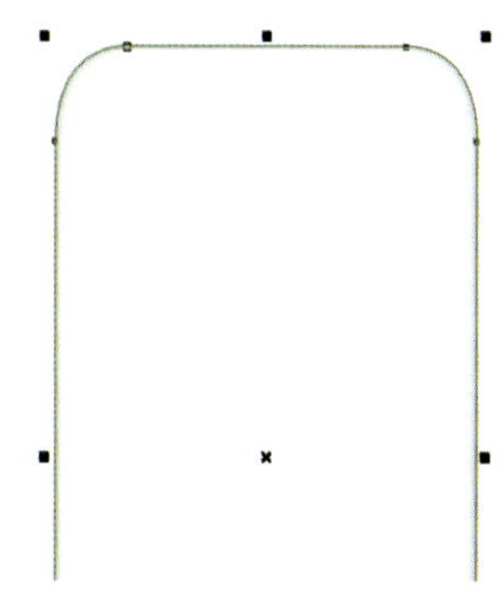

图 1-53　完成置入效果

（5）改变轮廓线宽度　改变轮廓线条的粗细，先选择前壳，然后选择“轮廓工具”中的“轮廓笔”对话框，或快捷键【F12】，将“宽度”中的“发丝”改为 0.35mm，如图 1-54、图 1-55 所示。

图 1-54　“轮廓笔”对话框（一）

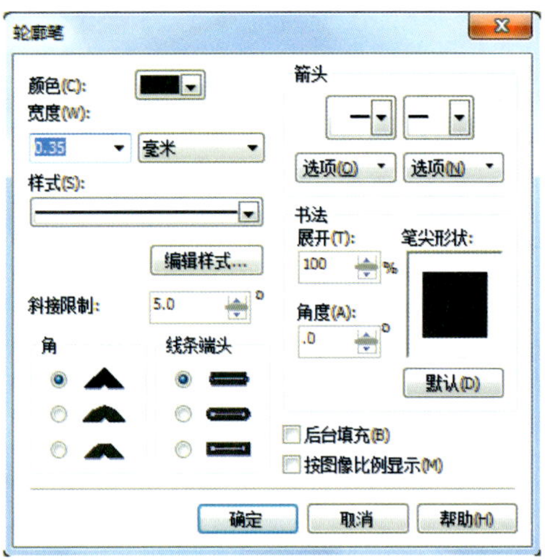

图 1-55　“轮廓笔”对话框（二）

2. 材质塑造

在进行材质塑造之前，首先要对产品的部件材质进行分析。前壳材质采用的是高反光的金属合金电镀效果。在塑造时就要根据这种材料的特性来表现。

（1）渐黑材质的塑造　首先在前壳上下两端画出渐黑的材质。复制主体线框填充为黑色，上下左右分别作适当的缩小，采用工具栏的交互式填充工具对此物件进行编辑，如图 1-56 所示，达到如图 1-56 所示的效果后，用“画框精确裁剪内部”选项将它置入到前面整体填色的物件里。如图 1-57 所示。

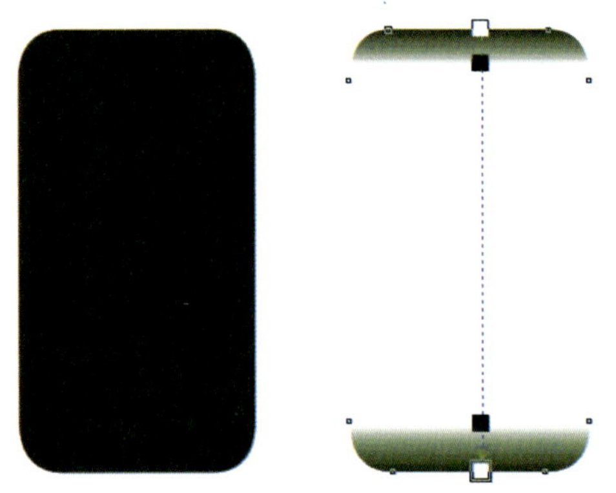
图 1-56　黑白双色渐变填充

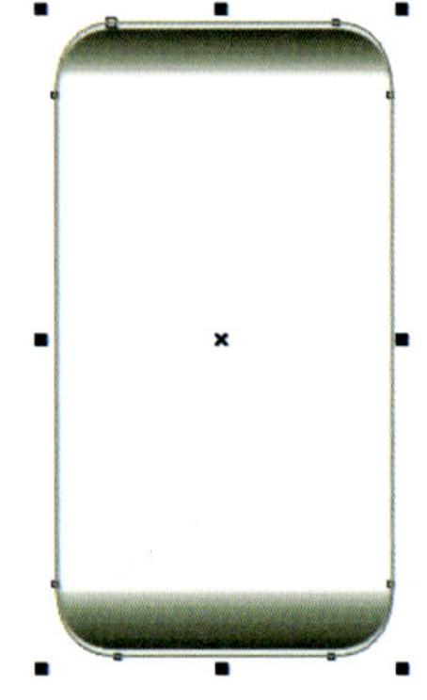
图 1-57　置入物件

小技巧

双色渐变填充技巧

选择填充色为蓝色的物件，如图 1-58a 所示。通过选择一个交互式填充工具，从左

下往右上拖动 45° 左右，如图 1–58b 所示。通过将调色板中的黄颜色拖动到对象的交互式矢量手柄上，如图 1–58c 所示，形成了双色渐变填充的效果。

a）

b）

c）

图 1–58　双色渐变填充技巧

a）单色填充　b）交互式填充　c）双色渐变填充

（2）黑影材质的塑造　制作高反差中的黑影部分，同样使用复制出的主体物件，进行水平方向的缩小复制，再将缩小后的物件和原始物件进行剪切，得到如图 1–59 所示物件，再将此物件置入到图 1–57 的物件中，完成前壳的材质塑造，如图 1–60 所示。用同样的方法绘制出侧视图的前壳壳体材质，如图 1–61 所示。

（3）前壳部件材质的塑造　制作前壳到镜片间的小平台，如图 1–62 所示红色区域为小平台区域。将它单独取出进行填充，使用交互填充工具如图 1–63 所示。完成该操作后的前壳效果如图 1–64 所示。

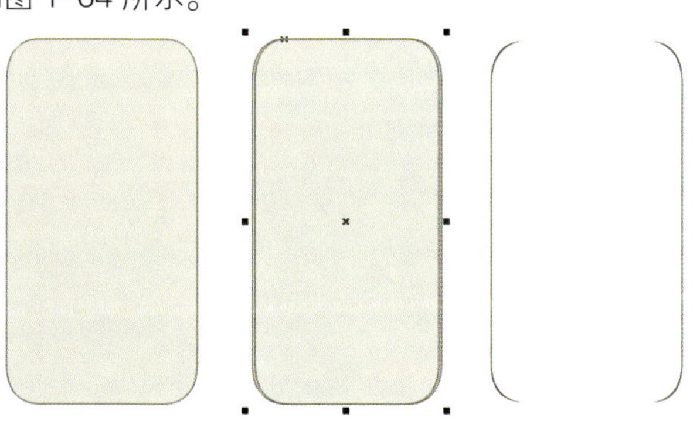

图 1–59　黑影部件剪切过程

图 1–60　前壳材质塑造

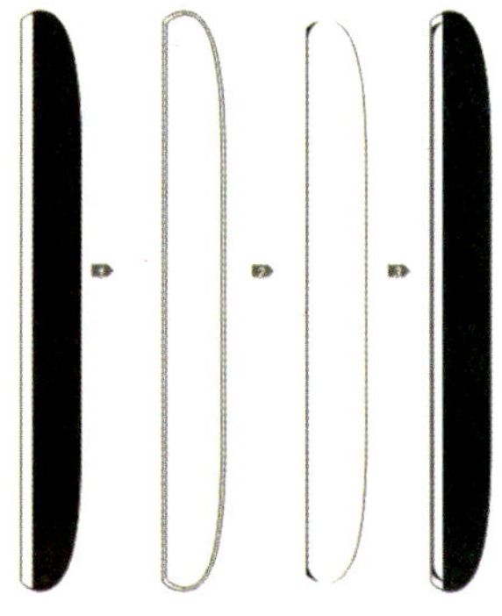

图 1–61　侧面材质塑造

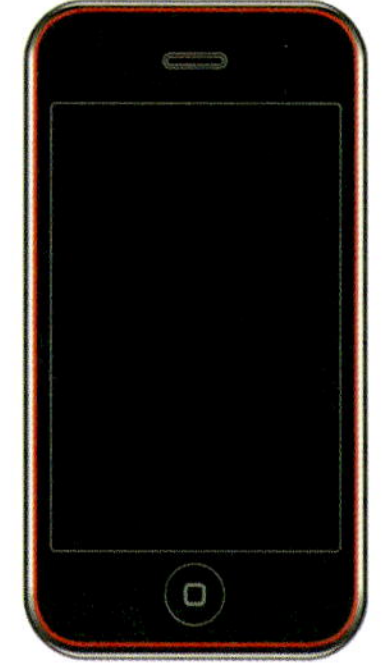

图 1–62　红色小平台区域

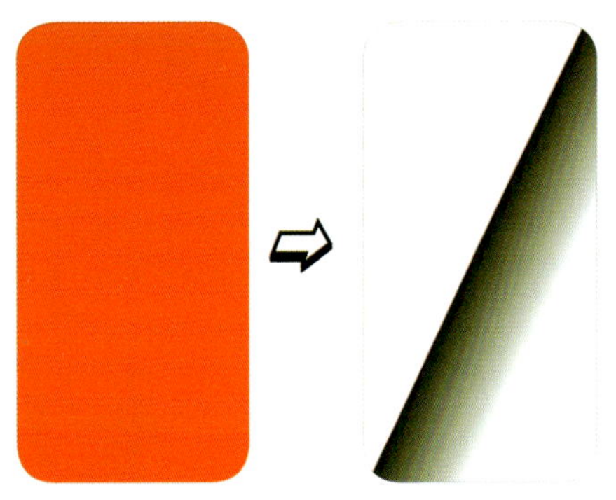

图 1-63　填充平台区域

图 1-64　前壳材质塑造

（4）侧视图后壳材质的塑造　复制后壳物件填充为白色，再转换为位图。执行“位图”→“转换为位图”命令，如图 1-65 所示，弹出“转换为位图”对话框，在“颜色模式”下拉列表框中，选择“CMYK”颜色（32 位）选项，在“选项”栏选中“透明背景”复选项，如图 1-66 所示。然后选用“交互式透明工具”，进行透明编辑，如图 1-67 所示。再次使用位图命令，将编辑好的物件转化为位图，再利用“交互式透明工具”进行垂直方向的透明编辑，如图 1-68 所示。

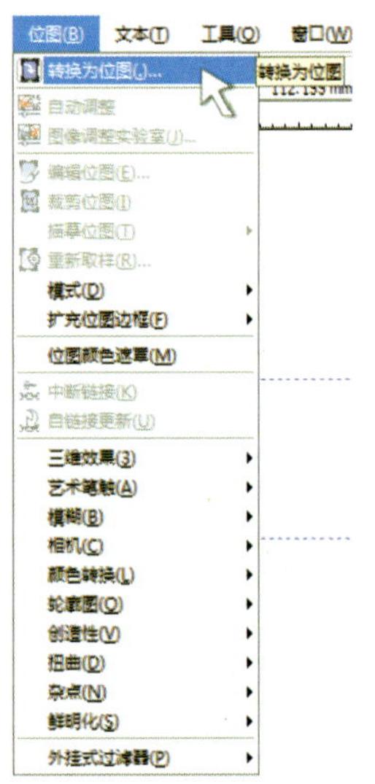

图 1-65　“转换为位图”命令

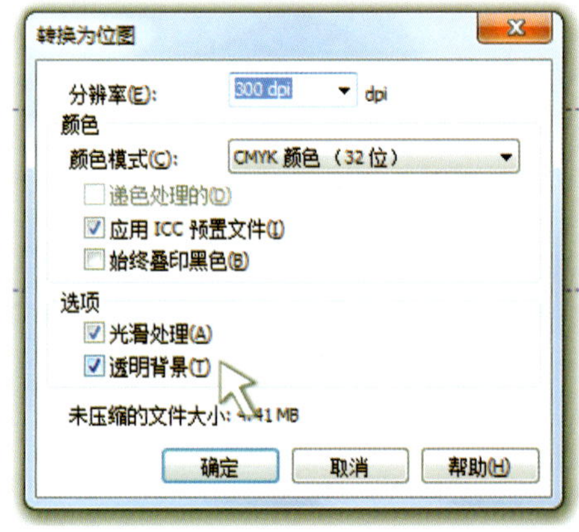

图 1-66　“转换为位图”对话框

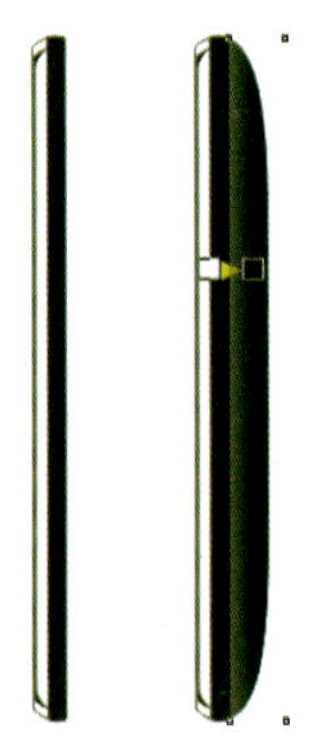

图 1-67　使用交互式透明工具

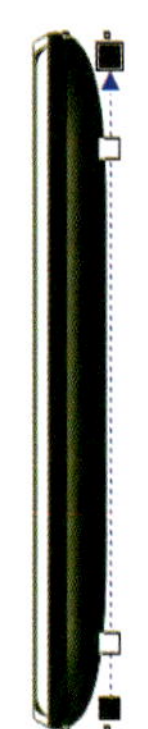

图 1-68　使用交互式透明工具

小技巧

交互式透明工具的应用

单击工具箱中的“交互式透明工具”按钮，可以在属性栏中设置其参数。在页面合适的位置拖动鼠标，到合适的位置再释放鼠标即可，为图形添加系统默认的交互式透明效果，如图 1–69a 所示。用户可以根据绘图需要在属性栏中设置交互式透明参数，图 1–69b 和图 1–69c 所示为交互式射线透明效果和交互式圆锥透明效果。

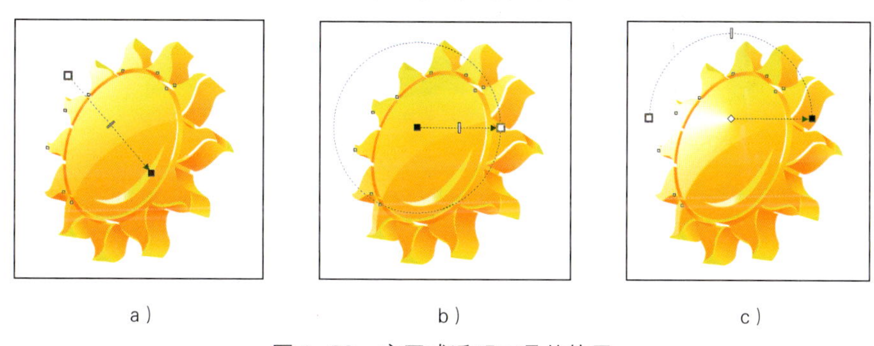

a）　　b）　　c）

图 1–69　交互式透明工具的使用

a）交互式线性透明效果　b）交互式射线透明效果　c）交互式圆锥透明效果

3. 细节表现

（1）听筒的表现　如图 1–70 所示，使用交互式填充工具对听筒进行填色，再制作点的整列，将其置入到听筒发声位置，形成听筒的网孔效果，完成听筒的细节表现。

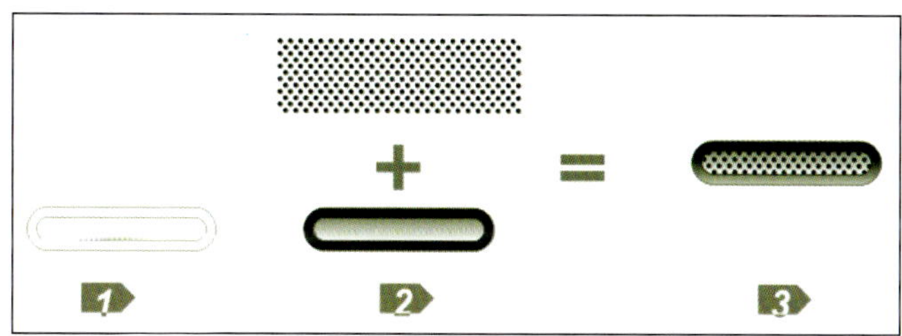

图 1–70　听筒的表现

（2）按键的表现　如图 1–71 所示，使用交互式填充工具对按键进行填色，再制作反光物件，将其放置在按键位置进行交互式透明工具编辑，然后置入到按键内部，完成按键的细节实现。

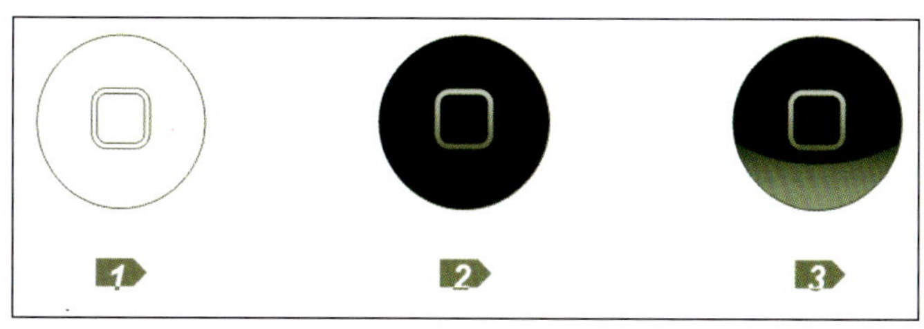

图 1–71　按键的表现

（3）屏幕的表现　在互联网上下载符合要求的智能手机 UI 图标（JPG 格式相对清晰，分辨率大于等于 300dpi），将其置入到屏幕显示区域，如图 1-72 所示。

图 1-72　屏幕显示的表现

（4）组装物件　将以上编辑好的所有物件放置在主体镜片上，再在镜片上制作综合使用交互式轮廓工具和交互式透明工具，制作高光物件，放置在屏幕显示区上方以及听筒和按键的下方，即完成整机的绘制，如图 1-73 所示。

（5）增加投影　为了使画面效果更加真实，为其添加投影。具体方法是将所有物件选择进行复制，再群组物件，将其转换为位图，水平方向镜像置于手机底部，使用“交互式透明工具”编辑。完成整机二维效果图绘制，如图 1-74 所示。

图 1-73　各零件组装图

图 1-74　最终效果图

回顾与思考

（1）智能手机的绘制流程是怎样的？每个流程中遇到些什么问题？怎样解决的？

智能手机的绘制流程	遇到什么问题?	怎样解决问题的?
1. ________		
2. ________		
3. ________		
4. ________		
5. ________		

（2）在绘制时都使用了哪些关键操作命令?

操 作 命 令	在界面中的位置	使 用 方 法
1. ________		
2. ________		
3. ________		
4. ________		
*. ________	……	……

延伸阅读

★ 通信产品造型设计流程

通信产品造型设计流程是为了保证从设计到制造的质量与项目周期的可控性，因为每个流程环节出现问题都可能导致项目的暂停或取消。同时随着市场的变化、技术和管理水平的提高，设计流程也会随之简化或更加细分，从而不断地得到完善。

1. 设计研究

（1）市场分析　市场分析包括市场区域与结构、销售渠道、竞争对手研究、品牌分析、市场机会识别等。

（2）自身分析　自身分析包括品牌诉求、技术特点、产品风格、市场位置等。

（3）趋势分析　趋势分析包括流行趋势、风格潮流、材质与色彩、本地与全球化市场等。

（4）用户研究　用户偏好，需求、使用方式的研究，家庭访问，跨文化比较和用户描述等。

（5）社会文化分析　社会文化分析包括技术与人群分析、环境分析，观察，专业访谈，中国资源等。

（6）材质与色彩　材质与色彩包括色彩趋势、材质趋势、创新工艺等。

（7）设计策略　设计策略包括设计定义、类型分析、材质与色彩定义、设计概念、路径勾勒等。

2. 外观设计

（1）创意设计　创意设计包括头脑风暴、设计询问、心情图板、故事与情景生成、概念草图等。

（2）细节深入　细节深入包括二维细节表现、三维模型探讨、材质与色彩概念、产品图形界面等。

（3）设计完善　设计完善包括三维细节渲染、结构可行性检查、人机工程学分析、制造方法分析、创建三维数据等。

（4）设计模型　设计模型包括色彩与材质定义、装配结构定义、供应商选择等。

3. 结构设计

（1）创新研究　创新研究包括功能分析、机构开发等。

（2）工程执行　工程执行包括结构设计、细节三维模型、二维工程图、制造材料清单、动作分析等。

（3）模型检测　模型检测包括色彩与材质定义、装配结构定义、模具工艺可行性分析、供应商选择、质量控制等。

4. 生产服务

（1）资源建构　资源建构包括供应商比较清单、服务评价、成本分析、商业渠道等。

（2）生产管理　生产管理包括供应商、模具、装配样机、数据管理等。

（3）质量控制　质量控制包括产品流程开发与控制、确认产品有效性、流程改进等。

（4）模具开发技术咨询

（5）零配件及材料技术咨询

5. 后期配套

后期配套包括销售策划、包装设计、多媒体设计、展示设计等。

课后作业

【任务】收集一款智能手机资料，进行深入研究，并采用二维软件进行完整的绘制。

【要求】

（1）能确定智能手机的外形尺寸及比例。

（2）能使用几何图形命令绘制智能手机线框图。

（3）线框图清晰流畅，零件布局合理，视图准确。

（4）能利用图形渐变命令制作立体效果。

（5）能够根据评审意见完善智能手机设计。

项目 2　蓝牙耳机的设计

本项目是以一款蓝牙耳机为例，讲解使用二维软件 CorelDRAW X3 绘制通信产品效果图的全过程。在本项目中将运用简洁有效的命令绘制效果图，从轮廓线框的绘制到效果填充以及材质的塑造，使用多种工具命令结合的方式完成设计。

产品设计师职业素养之职业行为习惯二

重视专业资料和各类信息的收集整理

专业资料和各类信息的收集整理在产品设计的学习与提高过程中是十分必要的。这是一项不能间断的持久工作。有许多初学者在作设计时，常常因为缺少创意而感到很苦闷，这是一种正常现象。因为，人的思维能力的增强是通过不断的学习和实践获得的，人脑对某类信息接受和储存得越多，相关的思维能力也就越强。因此，初学者要想改变这种状况，首先必须要认真做好专业类资料的收集整理和积累。

需要特别指出的是：获得了资料不等于真正拥有了资料，即所谓“外行看热闹，内行看门道”。要想从资料中看出“门道”，提高水平，仅流于表面的、泛泛地浏览是不会带来效果的。特别是要掌握涉及产品造型、材质运用、配色方法以及饰物使用等具体设计技巧，建议读者要背诵记忆，记忆的款式越多，就越能寻找到设计变化的方法和规律，这不仅能磨炼出对流行趋势的感觉，设计创新能力也会提高。“熟读唐诗三百首，不会作诗也能吟”的道理同样适用于产品设计的学习，这种方法看起来虽然显得有些笨，却是十分管用的。

当然，在学习过程中，光积累本专业的信息资料是远远不够的，因为从产品中再生产品的设计方法，尽管很实用，但从更高要求来看，它很难摆脱他人构思的影响，难以实现创新和超越。因此，需要更广泛地获取专业以外的各种信息，比如科技发展的成果、文化的发展动态、各种艺术门类的作品以及存在于文学、哲学、音乐中的反映意识形态的各种思潮和观念等，以此来拓宽知识面，增长见识，博采众长，从中获得更多的启迪，进而产生更好的想法。

此外，面对瞬息万变、纷繁复杂的各种信息，必须学会用科学的方法对其进行归纳整理，以方便储存和应用，要及时删除过时无用的信息，捕捉最新、最有价值的信息，为真正利用好信息带来方便。尤其是各种非专业信息，一般并不能拿来直接使用，它需要设计师进行梳理、提炼、转化和升华。这些都是学习和工作能力的体现，拥有这种能力不仅在学习阶段能得到事半功倍的效果，而且在今后漫长的职业生涯中也会受益无穷。

学习目标

- 掌握 CorelDRAW X3 的基本命令操作。
- 掌握 CorelDRAW X3 的色彩填充技巧。
- 掌握通信产品的配色方案设计。

工作任务

- 用基本命令绘制蓝牙耳机的轮廓。
- 对蓝牙耳机实施色彩填充及材质塑造。
- 蓝牙耳机配色方案的设计。

依据如表 2–1 所示的设计任务书展开蓝牙耳机的设计任务。

表 2–1　项目二设计任务表

项目名称	蓝牙耳机的设计
项目要求	1. 综合运用 CorelDRAW X3 多种命令绘制 2. 熟练使用 CorelDRAW X3 绘制蓝牙耳机正视图、侧视图 3. 注意材质渲染及光影渲染
规格要求	58mm × 22mm × 19mm
备　注	20 课时完成作品并提交

设计前的分析

1. 蓝牙耳机的定义

蓝牙是一种低成本大容量的短距离无线通信规范。蓝牙笔记本式计算机，具有蓝牙无线通信功能。蓝牙名字的由来还有一段传奇故事。公元 10 世纪，北欧诸侯争霸，丹麦国王挺身而出，在他的不懈努力下，血腥的战争被制止了，各方都坐到了谈判桌前。通过沟通，诸侯们冰释前嫌，成为朋友。由于丹麦国王酷爱吃蓝梅，以至于牙齿都被染成了蓝色，人称蓝牙国王，所以蓝牙也就成了沟通的代名词。1000 多年后的今天，当新的无线通信规范出台时，人们又用蓝牙来为它命名。

1995 年，爱立信公司最先提出蓝牙概念。蓝牙规范采用微波频段工作，传输速率为 1MB/s，最大传输距离为 10m，通过增加发射功率可达到 100m。蓝牙技术是全球开放的，在全球范围内具有很好的兼容性，全世界可以通过低成本的无形蓝牙网联成一体。

蓝牙技术不仅仅运用于计算机，像移动电话、数字相机、摄像机、打印机、传真机、家用电器等许许多多电子设备都可以采用蓝牙技术，实现无线联通，而不必拖一条尾巴（连接线）。随着蓝牙技术的普及，家庭装修时不再为电器的布线而烦恼；使用家电时，不必为一大堆遥控器而头疼，一部手机或是一把汽车钥匙就能解决一切问题；出门在外，公司的工作安排和家里亲人的画面可以随时随地获得；打卡、缴费不用排队，从缴费点附近经过，不必进门就可以轻松完成……。蓝牙技术的广泛应用将使人们的生活无比轻松。蓝牙耳机外形如图 2–1～图 2–6 所示。

图 2–1　捷波朗蓝牙耳机（一）

图 2–2　摩托罗拉蓝牙耳机（一）

图 2–3　诺基亚蓝牙耳机

图 2–4　捷波朗蓝牙耳机（二）

图 2–5　捷波朗蓝牙耳机（三）

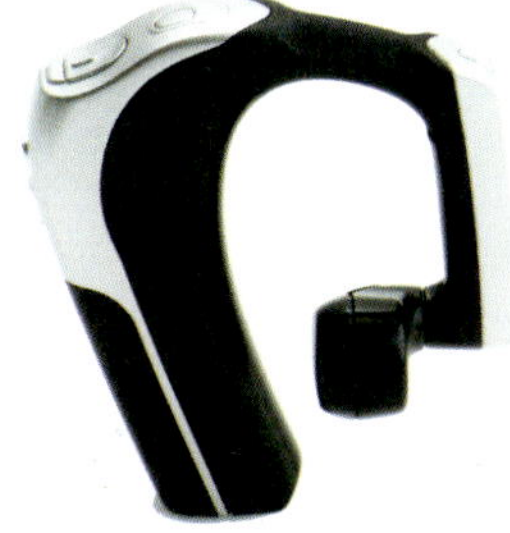

图 2–6　摩托罗拉蓝牙耳机（二）

MOTO 清 HX1 耳机如图 2–7 所示，采用目前世界上最先进的骨传导技术，即利用人的颌骨振动传导声音，这是美国军方技术民用化的最新科技成果；因为没有话筒所以能够最大限度地屏蔽周围的噪声，能够在嘈杂的环境中保证信息传递的准确性，让对方清晰地听到呼叫来电者的声音。

图 2-7　MOTO 清 HX1 耳机

同时 MOTO 清 HX1 耳机还拥有革命性的 CrystalTalk 丽音技术，通过利用双话筒消噪的 CrystalTalk 丽音技术模式减少日常背景噪声，为用户带来前所未有的免提通话功能，即使在最恶劣的条件下也能提供无与伦比的音频性能。

2. 蓝牙耳机的应用

目前蓝牙技术在日常生活中应用最多的就是在支持蓝牙的手机通话设备上，如手机蓝牙耳机，蓝牙使驾驶更安全，很多车主都感到开车时接听电话不方便：一只手扶着方向盘，另一只手举着手机接听，不但妨碍换挡，还影响安全；车载免提系统接听电话比较方便，但难免有不方便的电话在不方便的时候打进来；使用有线耳机也不方便，耳机线四处晃荡影响手臂的活动，耳机线屏蔽效果差，经常受到电磁、噪声干扰，扔在副驾座位上的手机还常在下车时被夹在衣服上的耳机线扯得摔在地上……。

配合手机使用的蓝牙耳机可以避免这些烦恼，使驾驶更加安全。通过配有蓝牙功能的耳塞，使手机用户可以实现无线免提功能，而不必像现在这样从头部垂下一根线到手机上。用户还可以通过车载蓝牙通信设备来使用手机，不用从包中掏出手机就可以实现通话。蓝牙耳机部件分析如图 2-8 所示。

调查了解多款蓝牙耳机，选择其中的一款耳机填写在表 2-2 中。

表 2-2　蓝牙耳机的调查报告

蓝牙耳机	主要功能	消费人群	价格	佩戴方式及造型特点	材料	色彩搭配

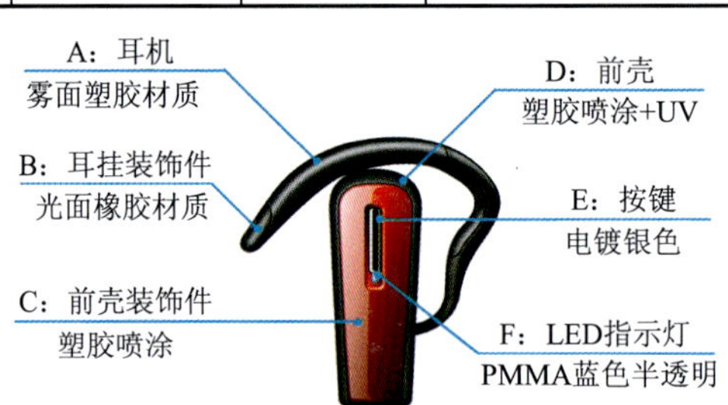

图 2-8　蓝牙耳机部件分析图

任务 1　蓝牙耳机线框图的绘制

1. 基本轮廓线的绘制

（1）设置文件大小并绘制矩形　打开 CorelDRAW X3 软件，新建文件，在属性栏中设置文件大小为 58mm×22mm，双击工具箱中的“矩形工具”按钮，绘制生成一个与纸张页面大小相同的矩形。如图 2-9 所示。该矩形用于基本轮廓的编辑，等同于项目 1 中的辅助线设置。

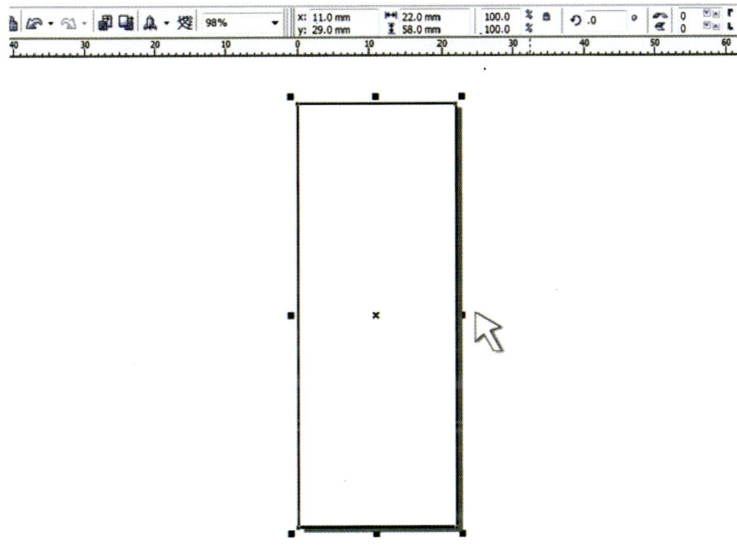

图 2-9　设置文件大小并绘制矩形

（2）设置对称轴　使用“手绘工具”同时按住快捷键【Ctrl】键，绘制一条垂直的线段，将该线段同刚才建立的矩形居中对齐操作，单击快捷键【C】，进行水平方向的对齐，单击快捷键【E】进行垂直方向的对齐，即生成矩形的对称轴。对称轴的设置看似简单，但在整个绘制过程中发挥着非常重要的作用，如图 2-10 所示。

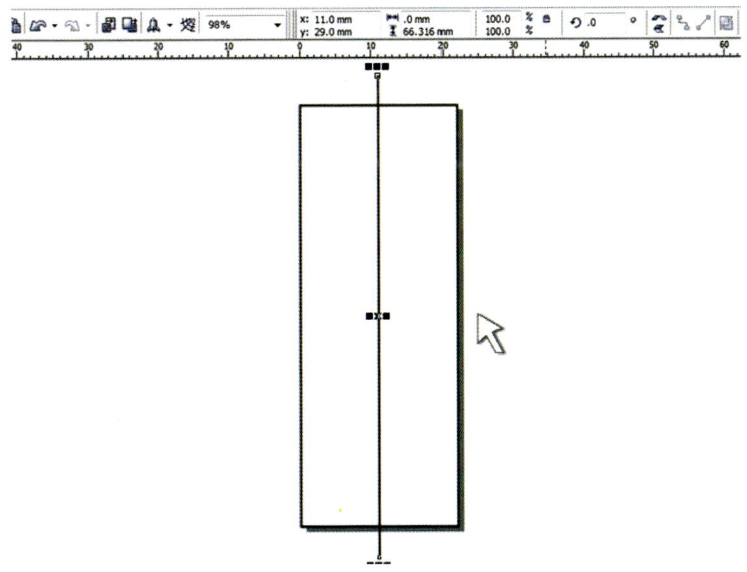

图 2-10　对称轴的绘制

（3）绘制左边轮廓　使用“贝塞尔工具”以对称轴与矩形的上交叉点为起点，下交叉点为终点，绘制一条自由曲线，再通过“形状工具”进行编辑，如图 2-11 所示。

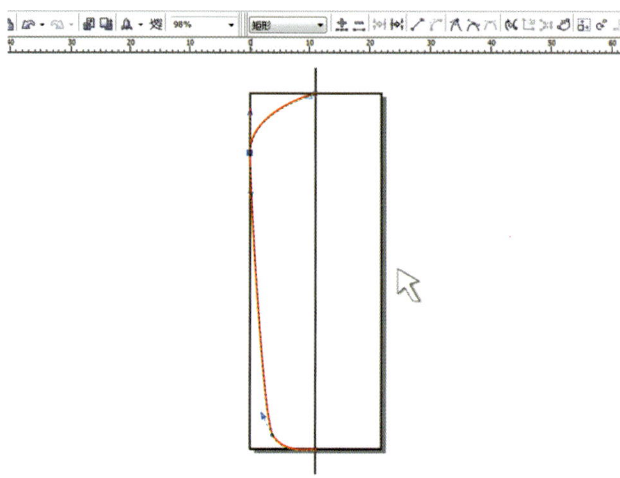

图 2-11　绘制左边轮廓

（4）生成基本轮廓线框图　编辑完成左边所有的轮廓线条后，通过对称轴线“镜像对称”命令复制到右边。将两边的线条使用“焊接工具” “焊接”到一起形成闭合的物件，最后删除端点线，即生成基本轮廓线框图，如图 2-12 所示。

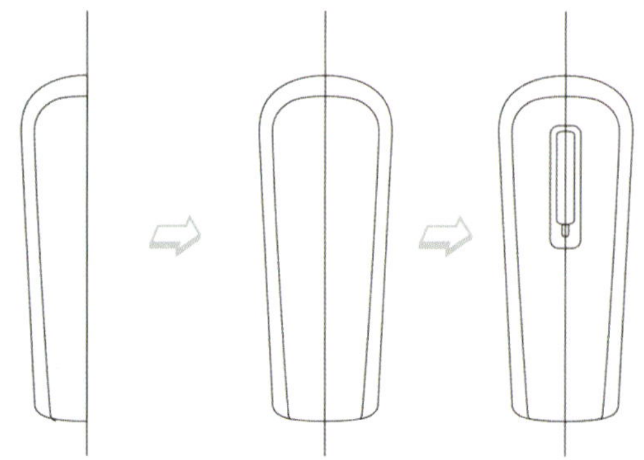

图 2-12　基本轮廓线框图绘制

2. 耳套线条的绘制

（1）耳套的基本线条绘制　耳套部分的形态由比较自由的曲线组成，在编辑时要注意节点的位置及节点的个数，如图 2-13 所示。节点个数越少越容易调节得平滑，同时结合“平滑节点工具” 将所有节点进行平滑处理。再使用“修剪工具” ，用上一步编辑的主体轮廓，去修剪耳套多余的曲线，如图 2-14 所示。

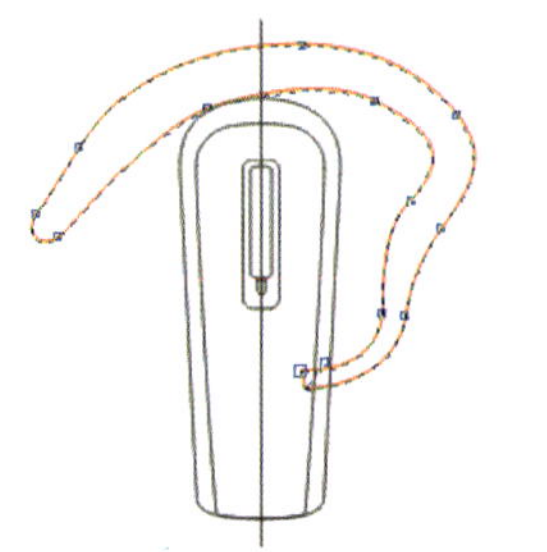

图 2-13　耳套基本线条的绘制（一）

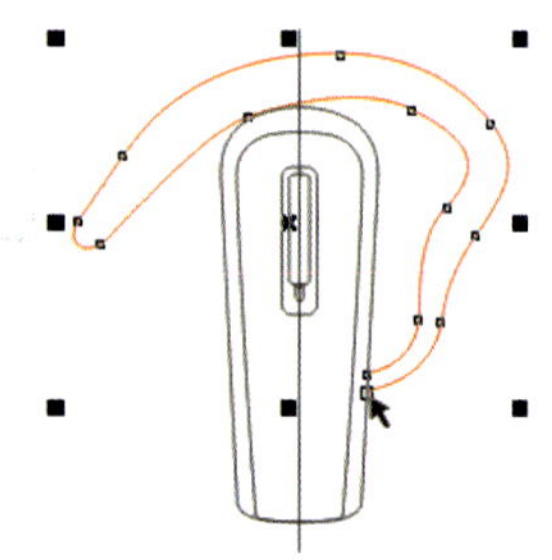

图 2-14　耳套基本线条的绘制（二）

（2）绘制耳套上的分形线　绘制耳套上的分形线并延长使之形成闭合的曲线，如图 2-15 中的蓝色线条所示，然后使用“相交工具”将闭合的线条与耳套基本轮廓线条相交。最后去掉多余的线条，包括对称轴，即得到完整的蓝牙耳机轮廓线条，如图 2-16 所示。

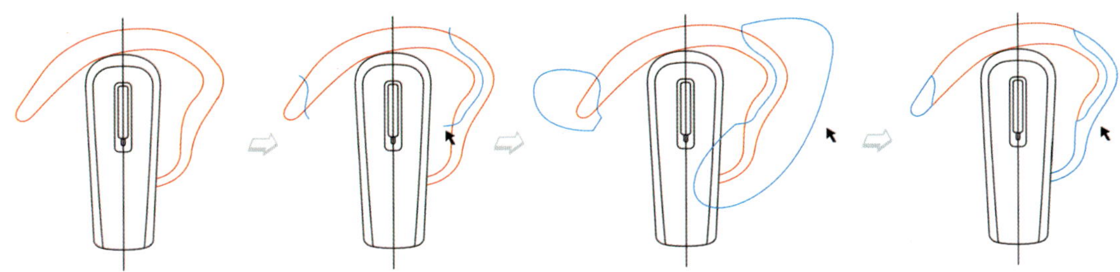

图 2-15　绘制耳套上的分形线

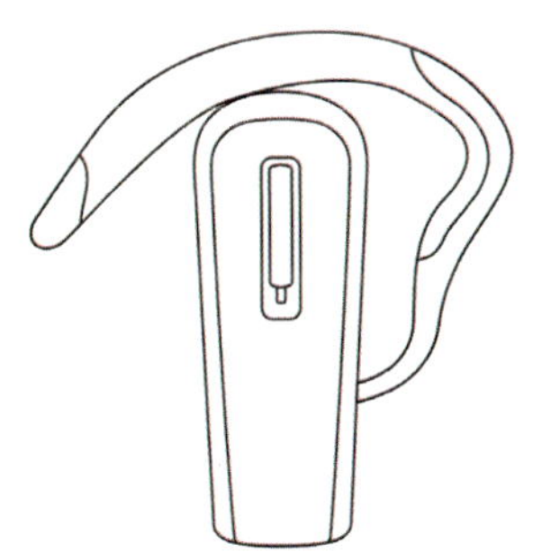

图 2-16　蓝牙耳机轮廓线条

任务 2　蓝牙耳机色彩的填充

1. 整体填色

（1）主体填充　填充颜色时要遵循从后到前，层层叠加的原则。先用比较深的颜色作为底色铺在最后一层。同时选择最底部两个物件，如图 2-17 所示。选择填充工具中的填充对话框，弹出“均匀填充”对话框。在“模型”下拉列表中选择“RGB”选项，将 RGB 参数值分别设置为 39、38、41，如图 2-18 所示，单击“确定”按钮完成填充。这是输入参数的一种较为精确的色彩填充方法。也可以根据需要选择 CMYK 等其他色彩方案进行填充。完成主体填充后其效果如图 2-19 所示。

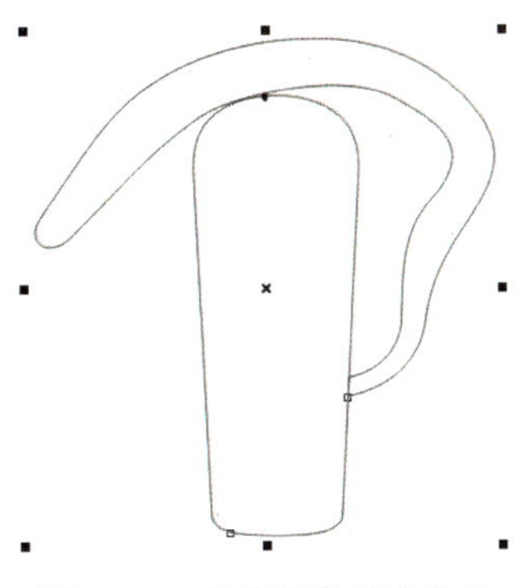

图 2-17　最底部的两个物件

（2）分件填充　对蓝牙耳机的分件进行填充，通常采用直接填充法。如图 2-20 所示，选中要填充颜色的物件，单击右边的 CMYK 调色板中的任意色板，如图 2-21 所示，选定灰色，则物件被灰色填充，如图 2-22 所示。

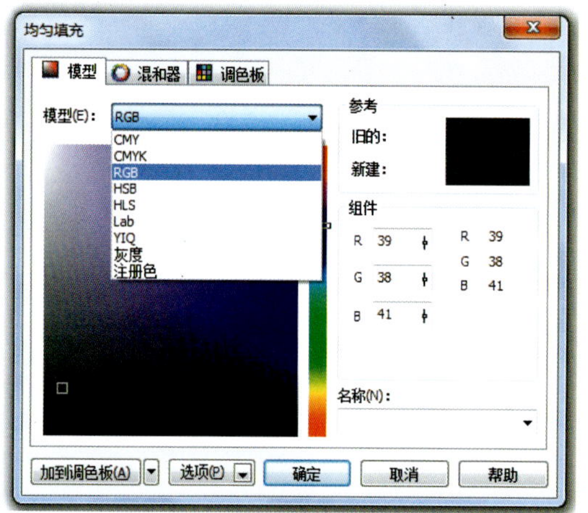

图 2-18 “均匀填充”对话框

图 2-19 主体填充后的效果

图 2-20 选择被填充物件

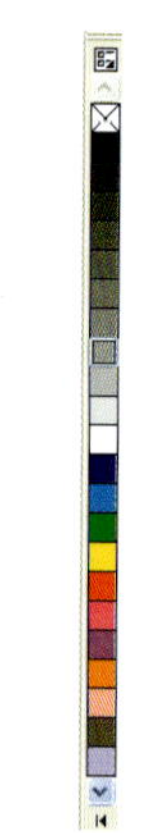

图 2-21 调色板

（3）LED 灯的填充 用同样的方法填充蓝牙耳机主体上的装饰件和 LED 灯，分别为白色和蓝色，如图 2-23 所示。

图 2-22 填充后的效果

图 2-23 整体填色完成效果

2. 材质的塑造

本小节通过对蓝牙耳机的材质塑造，介绍塑胶材质的多种效果表现技法。塑胶在通信产品设计中有广泛的运用。在通信产品中所使用的塑胶大部分是 ABS＋PC 的混合工程塑料。

一般通过注塑成型，同时它又可以喷漆、可以电镀，所以有不同的材质的形态表现，如具有钢琴漆效果、橡胶漆效果、模具蚀纹效果、电镀效果等。

（1）耳套材质的塑造　耳套部分是由两种材质组成，中间是硬塑料，两边是软橡胶，如图 2-24 所示。使用“交互式轮廓图工具” 将耳套 A 部分进行偏移，得到适合的尺寸，如图 2-25 所示。单击右键，在弹出的快捷菜单中，选择“拆分轮廓图群组”选项后，将其填充为白色，如图 2-26 所示。

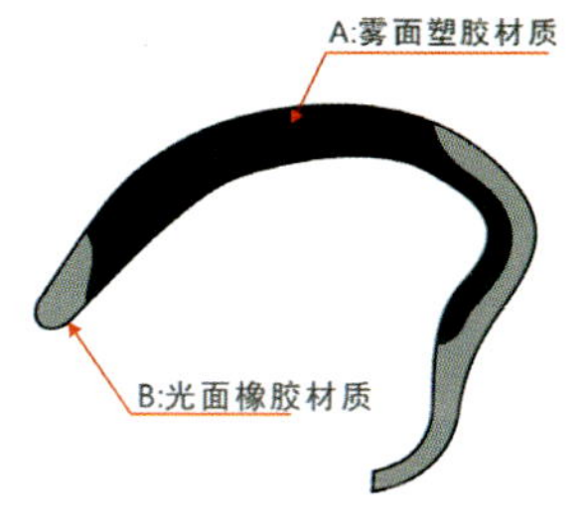

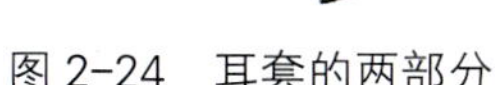
图 2-24　耳套的两部分

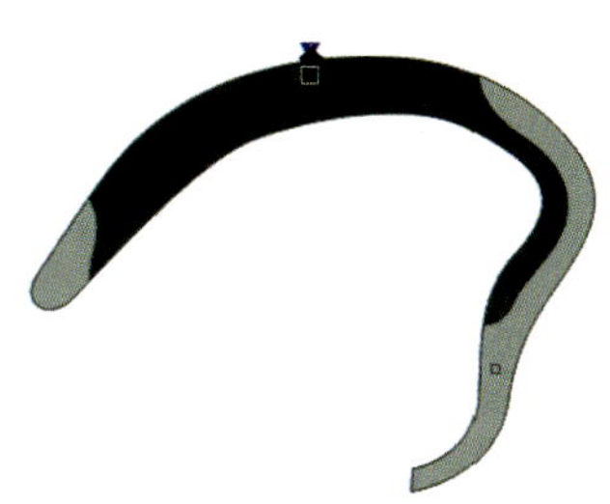
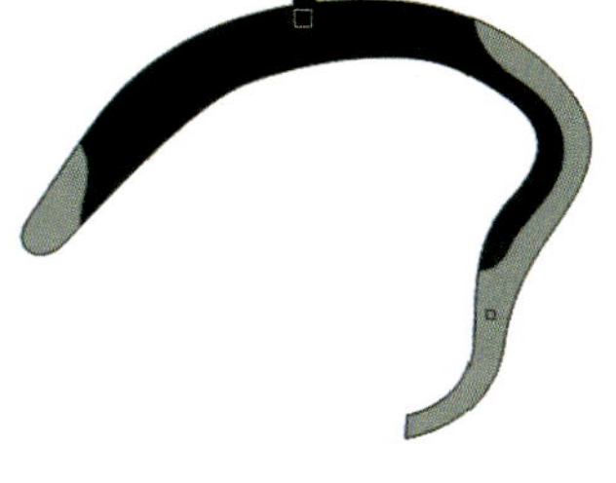
图 2-25　偏移后的效果

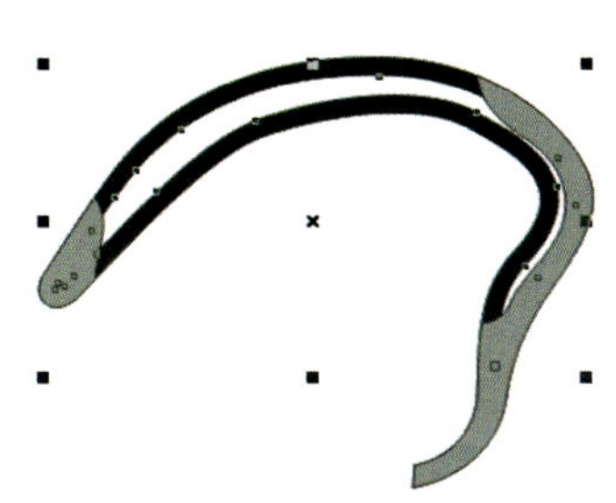
图 2-26　填充后的效果

（2）高光部分的建立　将图 2-26 所示生成的白色物件转换为位图，选择位图菜单的“高斯式模糊”选项，如图 2-27 所示。弹出“高斯式模糊”对话框，如图 2-28 所示，根据需要选择模糊半径的大小，此处选择 18.0 像素，则形成 A 部件上的高光，再使用“交互式透明工具” 进行高光的明度调节，如图 2-29 所示。

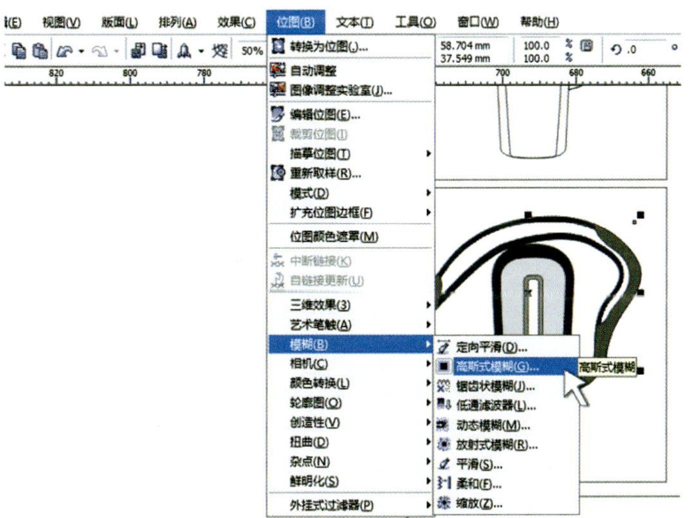

图 2-27　选择“高斯模糊”选项

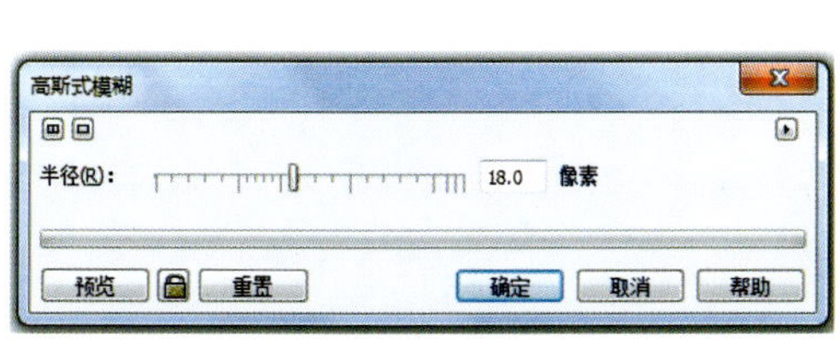

图 2-28　“高斯式模糊”对话框

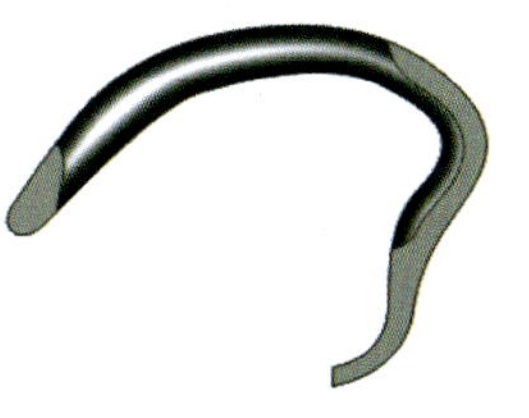
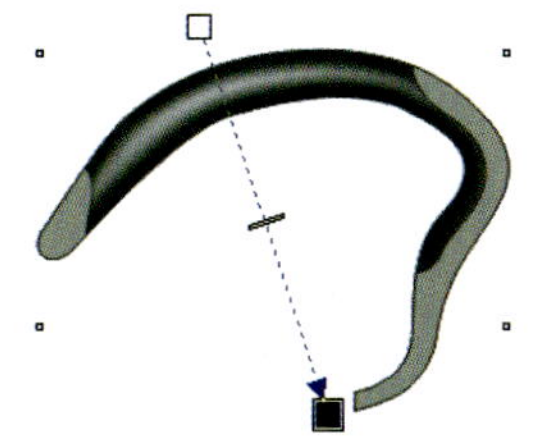
图 2-29　高光的透明度调节

小技巧

如何将矢量图转换为位图

在 CorelDRAW X3 的效果图绘制中有时需要表现一些细腻的高光和阴影效果，而这样的效果使用矢量图不能有效地表达，矢量图也不能运用高斯模糊的特殊效果。这种情况下，一般是将矢量图转化为位图后再进行编辑。选择转换对象，执行“位图”→“转换为位图”命令，弹出“转换为位图”对话框，如图 2–30a 所示。在对话框的“颜色模式”下拉列表中，选择所需要的颜色，在“选项”栏下选中“光滑处理”和“透明背景”复选项，设置完成后单击“确定”按钮，完成矢量图转换位图的操作，如图 2–30b 所示。

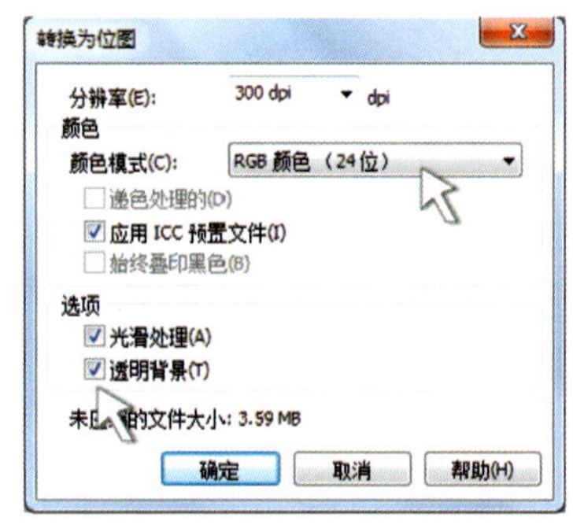

a）

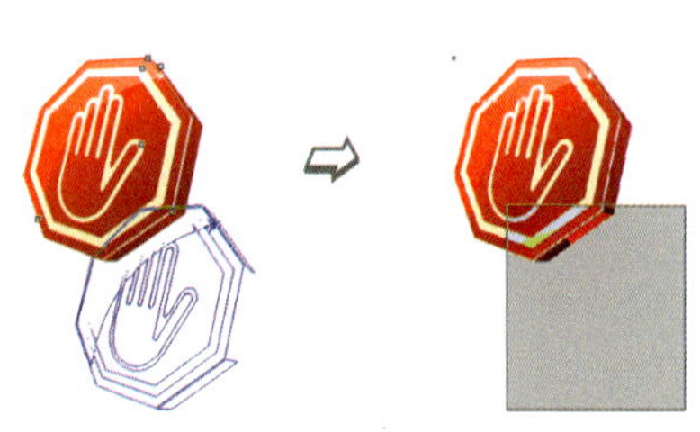

b）

图 2–30　将矢量图转化为位图

a）“转换为位图”对话框　b）转换为位图前后的效果

（3）置入快捷键设置　选择“工具”选项命令，弹出“选项”对话框，在“编辑”栏下改“新的图框精确剪裁内容自动居中”为不选复选项，如图 2–31 所示。选择左侧“工作区”→“自定义”→“命令”选项，再在“命令”中选择效果中的“放置在容器中”选项，指定快捷键，如图 2–32、图 2–33 所示。设定快捷键为【Alt】+【X】，单击“确定”按钮完成设置，如图 2–34 所示。设计师可根据需要将其他快捷键按此法设置。

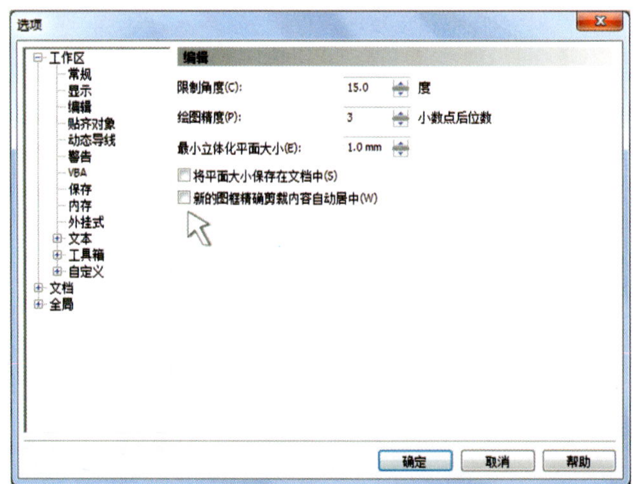

图 2–31　“选项”对话框（一）

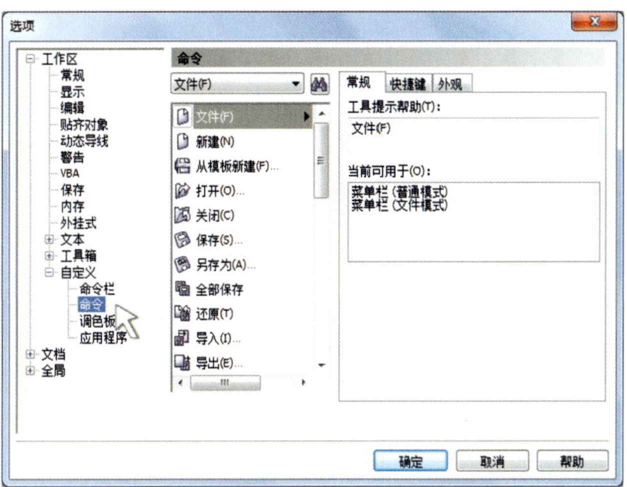

图 2-32　“选项”对话框（二）

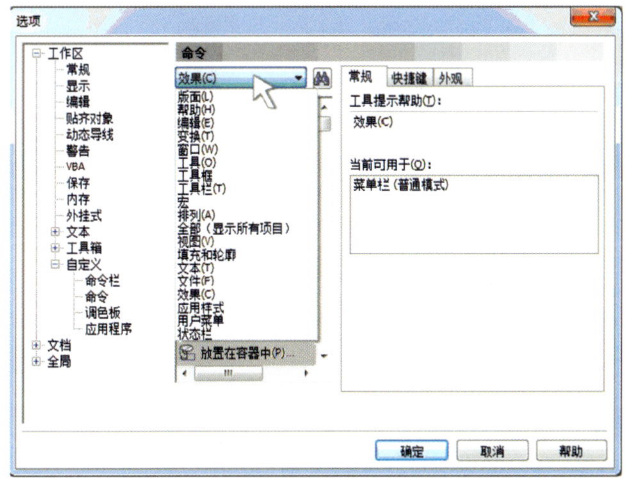

图 2-33　“选项”对话框（三）

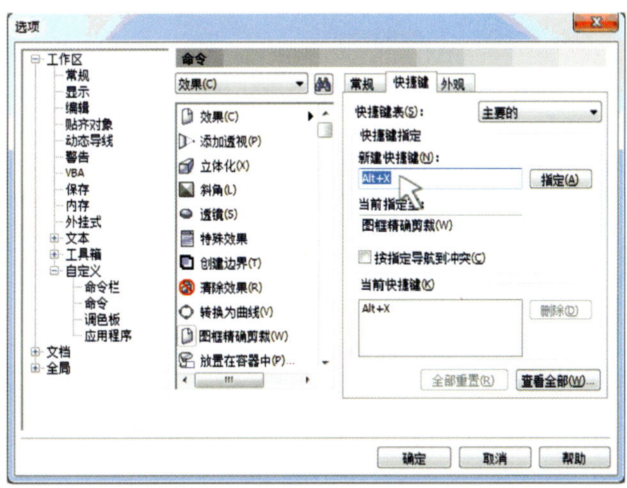

图 2-34　“选项”对话框（四）

（4）物件置入命令　选择已经编辑好的位图文件，通过快捷键【Alt】+【X】激活置入命令，屏幕中出现如图 2–35 所示的黑色箭头，选择此箭头到被置入的物件，即可完成置入。此时弹出对话框如图 2–36 所示。这是因为图层重叠，只需将位图文件放置在被置入物件下，再重复置入操作及完成置入。将位图文件复制一个，用同样的方法置入到 B 部件中，为 B 部件改变一种颜色，以便与 A 部件的色彩有区别，如图 2–37 所示。

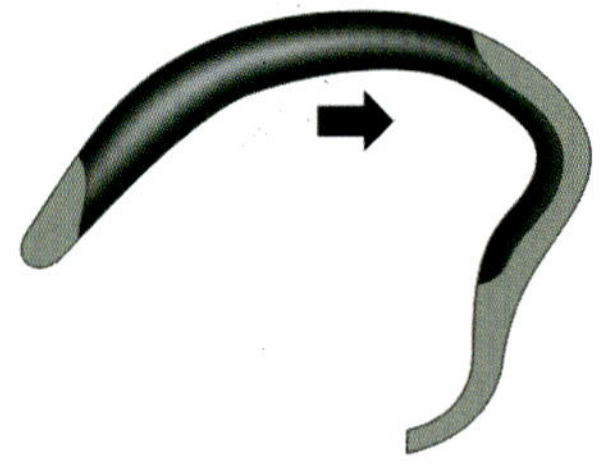

图 2–35　置入操作

图 2–36　提示对话框

图 2–37　完成置入后的效果

（5）添加杂点命令　对选择编辑好的 A 部件进行复制，将复制物件转换为位图，再执行“位图”→“添加杂点”命令，如图 2–38 所示。弹出“添加杂点”对话框如图 2–39 所示。“杂点类型”选择为“高斯式”，“层次”设置为 50，“密度”设置为 50。单击“确定”按钮，再将此物件置入到 A 部件中。这样就完成了耳套的材质塑造，如图 2–40 所示。

（6）耳机主体材质的塑造　耳机主体前壳 D 部件如图 2–41 所示。复制这个图形，然后适当缩小比例，填充为灰色（在默认的 CMYK 调色板中选择 20%的黑），使用“交互式调和工具”，结合两个图形，形成一个有体积和厚度的物件。

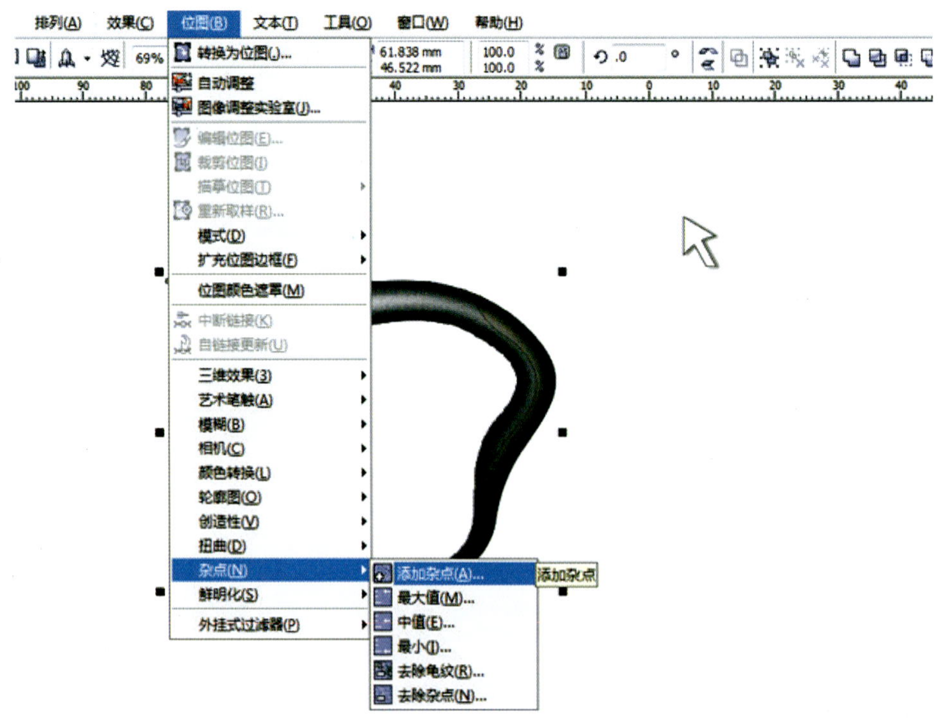

图 2–38　添加杂点

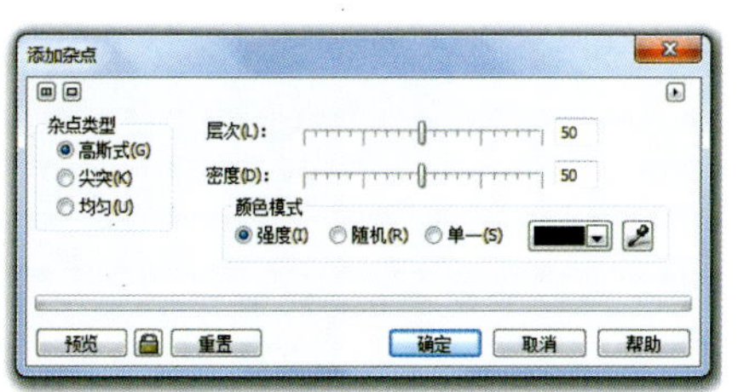

图 2-39　“添加杂点”对话框

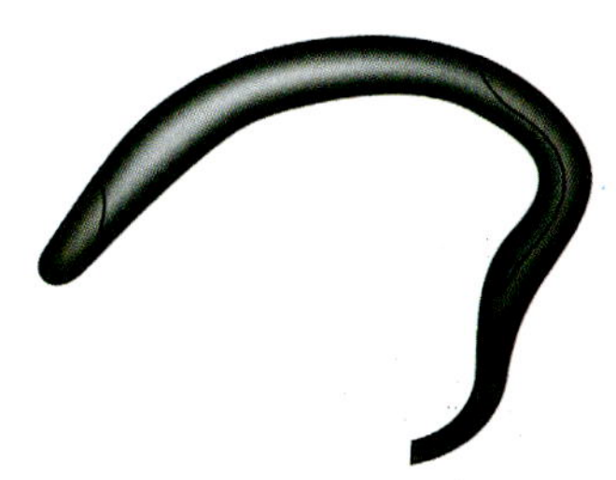

图 2-40　完成杂点操作

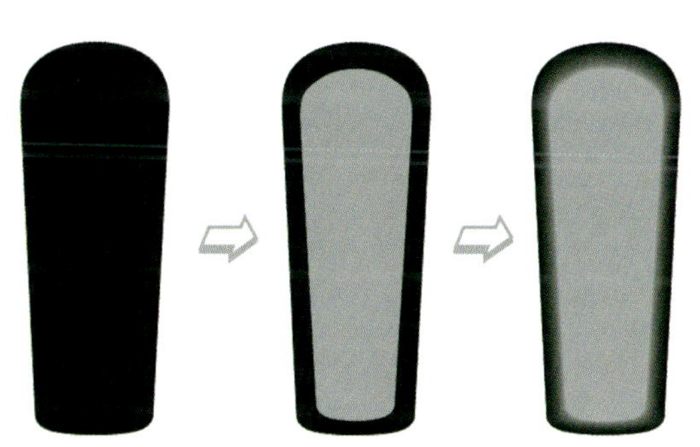

图 2-41　填充步骤

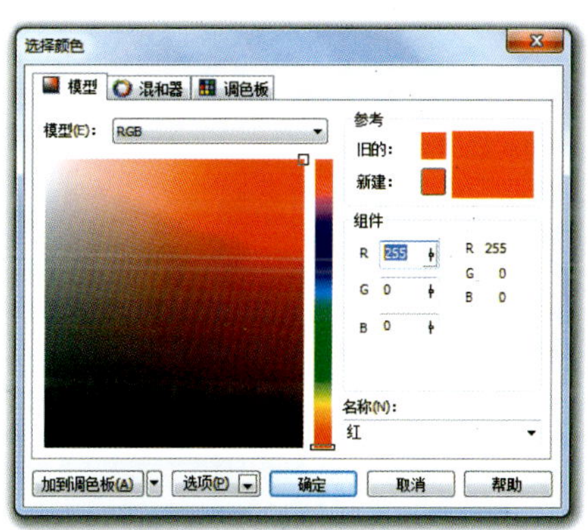

图 2-42　“选择颜色”对话框（一）

（7）主体面壳的填充　将 C 部件放置于 D 部件上，使用“交互式填充工具”，为面壳装饰部件进行填充编辑。左上侧的 RGB 设置为 R＝255、G＝0、B＝0；右下侧的 RGB 设置为 R＝54、G＝0、B＝0。如图 2-42、图 2-43、图 2-44 所示。

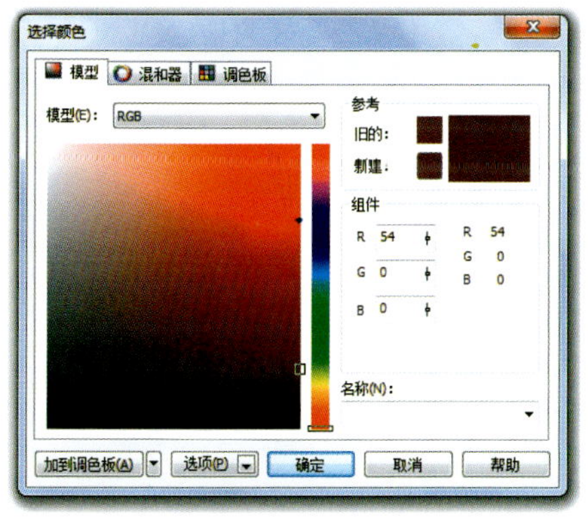

图 2-43　“选择颜色”对话框（二）

图 2-44　完成填充后的效果

（8）添加光影材质　添加光影材质的过程要不断探讨产品本身的曲面关系，结合光影，完善产品感觉。为该部件拟定的材质“为红色 UV”塑料（高光明显，表面光洁），在绘制时，要尽量追求画面统一、和谐。使用交互式轮廓图工具，将此物件向内缩小 1mm，再打散复制，利用布尔运算中的“修剪工具”进行修剪，如图 2-45 所示。删除多余物件，再使用“交互式透明工具”进行高光的明度调节，如图 2-46 所示。

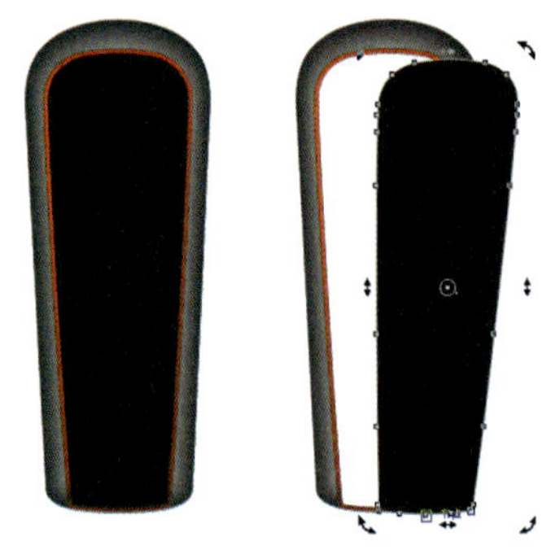

图 2-45　修剪物件

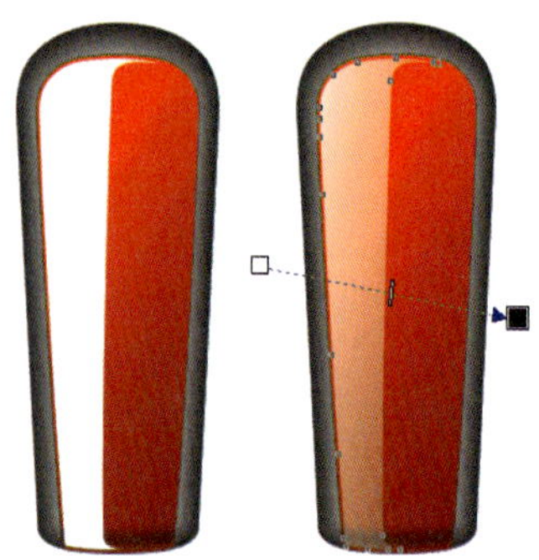

图 2-46　调节透明度

为 C 部件做个内凹陷面，再将按键和 LED 指示灯放上去。按键是电镀塑胶，电镀材质属于全反射性物体，根据物体表面的曲率，映射图像的扭曲程度会有所不同。将按键部分进行复制再适量缩小，填充为黑色，使用“交互式透明工具”改变它的透明度，再次复制、缩小及改变透明度，如图 2-47 所示，设置高反射电镀按键效果。与 C 部件同样的处理方法，为 F 部件 LED 灯加上个高光区增强其体积感及半透明的效果。

图 2-47　增加按键的步骤

（9）组合物件　将所绘制好的部件进行组合，效果如图 2-48 所示。整体审查该图，再次进行细部调整，比如给 LED 加上光亮，或是把分模线刻画得更加细腻，如图 2-49 所示。至此蓝牙耳机的效果图绘制完毕。

图 2-48　完成组合的蓝牙耳机

图 2-49　蓝牙耳机最终效果图

任务 3　蓝牙耳机配色方案的设计

在通信产品设计中，配色方案设计是在产品设计流程中的一个极为重要的环节。这就像一锅美食，没有好的色彩是勾不起人们食欲的。好的色彩设计方案会让产品更受消费者的青睐。

在色彩设计之前应进行广泛调研，同时应该针对产品的消费者、使用环境、使用方式进行有针对性的色彩设计。比如按照产品定位把蓝牙耳机分为商务型、休闲型、运动型。下面根据这三种类型进行设计。

（1）商务型　商务型是稳重、睿智的色彩，如图 2–50 所示。

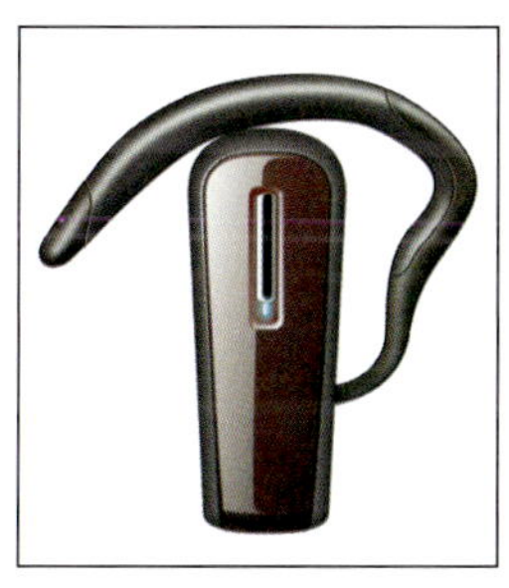

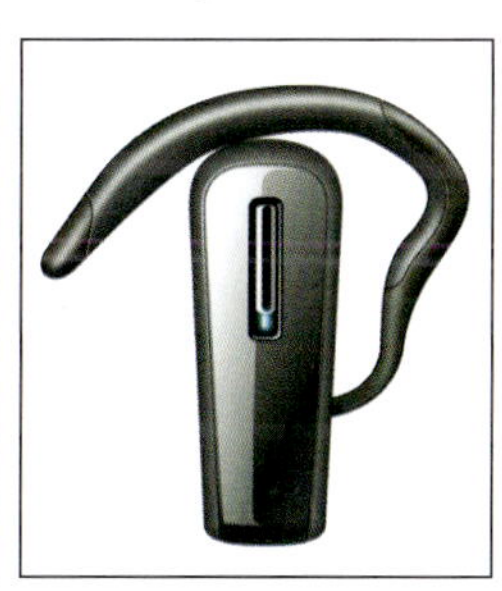

图 2–50　商务型蓝牙耳机

（2）休闲型　休闲型明亮、畅快、雅致，如图 2–51 所示。

（3）运动型　运动型活泼、动感，如图 2–52 所示。

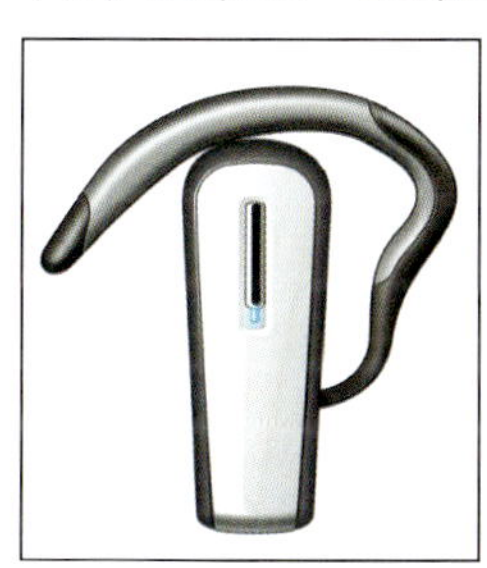

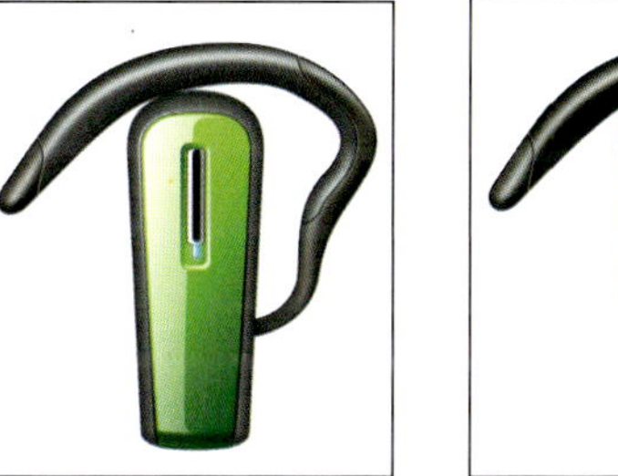

图 2–51　休闲型蓝牙耳机

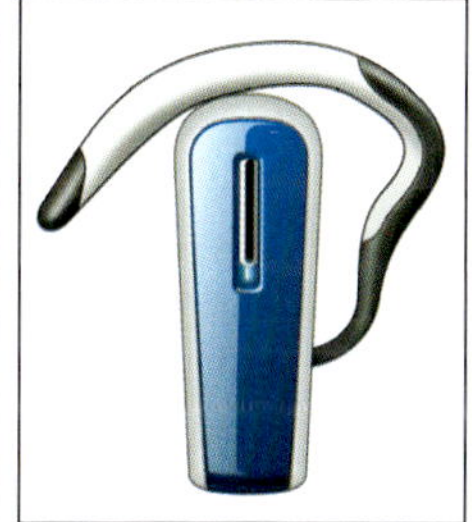

图 2–52　运动型蓝牙耳机

回顾与思考

（1）蓝牙耳机的绘制流程是怎样的？每个流程中遇到些什么问题？是怎样解决的？

蓝牙耳机的绘制流程	遇到什么问题？	怎样解决问题的？
1. ________		
2. ________		
3. ________		
4. ________		
5. ________		

（2）在进行绘制时都使用了哪些关键命令操作?

操作命令	在界面中的位置	使用方法
1. ________		
2. ________		
3. ________		
4. ________		
*. ________	……	……

延伸阅读

2009 春夏国际流行色空间位置分析

2009 年春夏国际流行空间位置分析图见图 2-53。

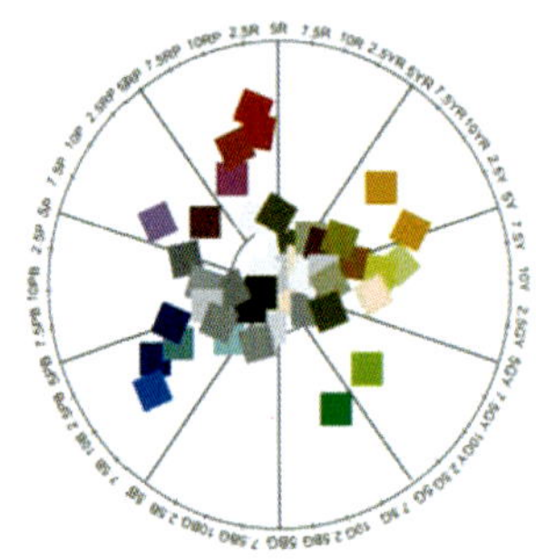

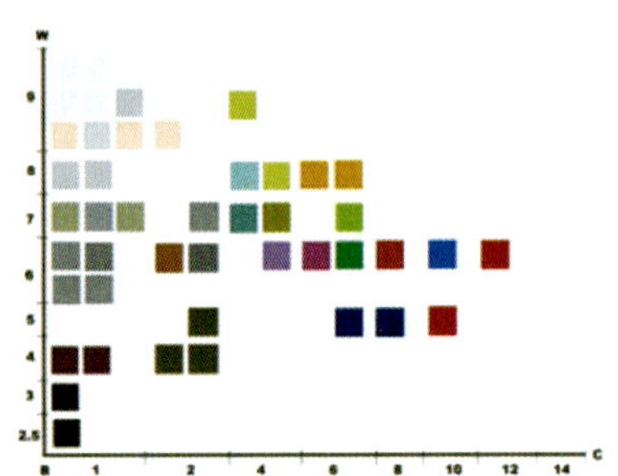

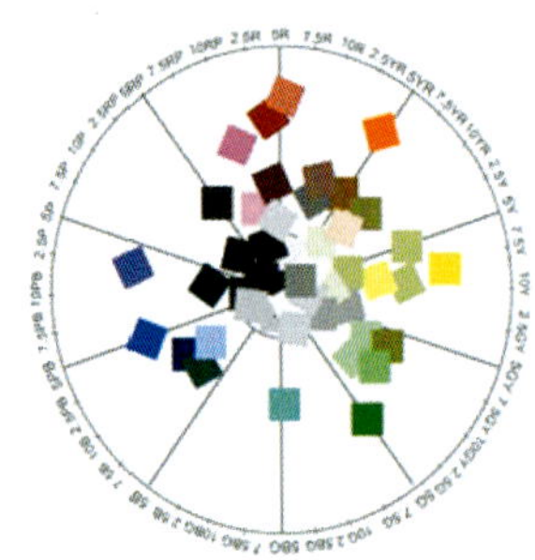

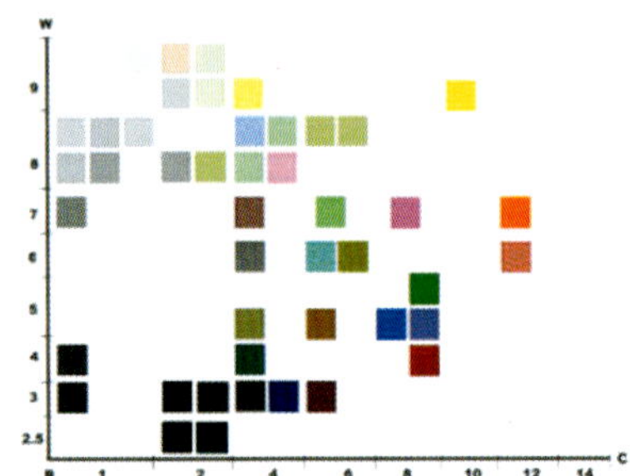

图 2-53　2009 年春夏季国际流行色位置分析图

（色彩分析应用体系：美国孟赛尔色立体。由中国流行色协会特别提供）

（1）在色相方面，橙色系、黄色系、黄绿色系的颜色，特别是橙色系有较大发展，而蓝色系和紫红区域的颜色色域有微小变化。

（2）在色温方面，暖色增多，冷色减少。

（3）在明度方面，高明度区域和低明度区域颜色明显增加，而中明度区域颜色则有所减少。

（4）在彩度方面，2009 年定案基本延续了 2008 年的特点，只不过本季低彩度颜色要比 2008 年少些。

源自中国流行色协会对 2009 年春夏流行色彩变化趋势如表 2-3 所示。

表 2-3　2009 年春夏季流行色变化趋势

色　系	2008 年	2009 年	备　注
红色	偏冷的红色系	粉色系增多，高明度的红色增多，以浅淡红粉色为主，偏暖的红色增加	
黄色	中彩度的黄色为主	增加了橙色系，黄色的亮度提高，偏暖，深色增加	
绿色	绿色作为点缀	绿色区域增多，总体以偏黄的绿色和偏蓝的绿色两组为主	
蓝色	鲜艳蓝色与中彩度蓝色	增加了深色区域的概念	
紫色	浅淡、柔和的紫色	浅紫色减少，深紫色增加，并偏暖	
灰色	灰色的波及范围大	无彩色之间的对比以及灰色应用成为重点	

总之，把握好色彩变化趋势，是正确使用“色彩设计营销”的基本依据。“色彩设计营销”正成为一种看得见、摸得到的营销力，是一个非常重要的卖点。预计未来十年，色彩设计营销将有望成为 21 世纪刺激消费的核心卖点。

目前能够体现国际流行色趋势的产品通常都是一些国际大品牌，并主要集中在服装、化妆品、鞋帽等方面。20 世纪 80 年代在美国、日本就已经出现了色彩设计营销风暴。在我国，由于工业产品设计中的色彩应用引进这些元素和方法比较晚，同时，目前我国企业正在面临转型时期，色彩设计营销就显得更为重要。在国际大品牌引领下我国的色彩设计营销，正在发挥作用。

图 2-54　PANTONE 色卡

PANTONE 色卡配色系统（Pantone Matching System，PMS），又称为“彩通”，是享誉世界的涵盖印刷、纺织、塑胶、绘图、数码科技等领域的色彩沟通系统，已经成为事实上的国际色彩标准语言。世界任何地方的客户，只要指定一个 PANTONE 颜色编号，就可找到所需颜色的色样，更可以避免计算机屏幕颜色及打印颜色与客户实际要求的颜色不能一致所引起的麻烦。

PANTONE 色卡（图 2-54）的使用也非常简单，主要是在色卡中找到自己设计时需要的颜色和颜色编号，如 PANTONE185C 代表一种红色，C 代表有光泽。在使用 PANTONE

色卡时，要注意 C 和 U 的区别，PANTONE C 色卡和 U 色卡之间的区别在于：C 的颜色反应在光面铜版纸上面（颜色效果带有光泽的），U 的颜色效果反应在胶版纸上面（颜色效果没有光泽）。

课后作业

【任务】根据前面的项目讲述，将此蓝牙耳机进行完整的绘制。

【要求】

（1）综合运用 CorelDRAW X3 命令绘制。

（2）线框图清晰流畅，零件布局合理，视图准确。

（3）注意光影的渲染，效果表现逼真。

（4）收集并分析时尚色彩信息，进行配色方案设计。

项目 3　直板手机的设计

在本项目的设计实例中，以直板手机作为设计对象，对此类产品外观设计的创意表达方法和相关设计知识予以详细介绍，并将着重介绍色彩填充技巧。

产品设计师职业素养之职业行为习惯三

不断提高审美能力，树立自我的审美观

审美能力，也称“审美鉴赏力”，是指人们认识与评价美、美的事物与各种审美特征的能力，也就是说，人们在对自然界和社会生活的各种事物和现象作出审美分析和评价时所必须具备的感受力、判断力、想象力和创造力。作为设计师，培养和提高审美能力是非常重要的，审美能力强的人，能迅速地发现美、捕捉住蕴藏在审美对象深处的本质性的东西，并从感性认识上升为理性认识，只有这样才能去创造美和设计美。单凭一时感觉的灵性而缺少后天的艺术素养的培植，是难以形成非凡的才情底蕴的。

事实上，每一个智商正常的人都能够去欣赏美，这是人先天就具备的认识能力。英国哲学家赫伯特·里德曾说：“感觉是一种肉体的天赋，是与生俱来的，不是后天习得的。”他又说：“美的起点是智慧，美是人对神圣事物的感觉上的理解。”可见，感觉是人人都具备的，但在美的事物面前，人们所获得的审美享受是有深有浅，有全有缺，有正确有谬误，有健康有庸俗的。出现这种现象与人们的审美能力和鉴赏能力的高低有很大关系。我国有句成语叫“对牛弹琴”，常用来讽刺说话办事不看对象的人。在现实生活中，人与人之间的确是存在着审美能力上的差异，审美能力的形成和提高虽然与人的生理进化有关，但更重要的是来源于文化艺术知识的获取和美感熏陶，来自不断的学习和实践。

因此，若想学好产品设计，就必须要多接触相关的艺术门类，比如多听音乐会、多看艺术展览，让各种艺术的美不断地感染、熏陶，使自己不断加深对美的理解和认识，从而使自己具有非同一般的艺术品位。要记住，不要在意别人说自己眼高手低，相反，这种评价是值得高兴的，因为，只有“眼高”的人才能促使“手高”，眼不高的人，手永远也不会高起来。

学习目标

- 能够基于特定用户确定手机造型特点。
- 能确定不同视图的位置关系。
- 能将常见的手机材料应用到直板手机设计中。

制作任务

- 解读外观设计要求书。
- 绘制直板手机四视图。
- 渐变色塑胶材质的表现。

依据表 3-1 所示的设计任务书展开直板手机设计任务。

表 3-1　项目 3 任务设计书

项目名称	L680 直板手机
项目要求	比例尺寸符合人体工学要求 线框图清晰流畅，零件布局合理，视图准确 色彩搭配协调，效果表现逼真
主屏尺寸/类型	2.8 英寸（1 英寸=2.54cm）　触摸屏
规格要求	109.5mm × 51mm × 14.5mm
备　注	20 课时完成作品并提交

任务 1　直板手机分析

1. 基本结构分析

基本的直板手机结构可以分为 A 壳和 B 壳、电池盖、按键及装饰件、摄像头装饰件等。A 壳和 B 壳指手机结构中主体的上下壳，不一定在上端的壳体就一定是 A 壳。根据设计的需要，最上端可能还会产生较大尺寸的 A 壳装饰件，下端也可能产生较大尺寸的 B 壳装饰件。低端直板机的结构分件较为简单，一般由 A 壳和 B 壳、电池盖、按键组成如图 3-1 所示。L680 直板手机的基本结构如图 3-2 所示。

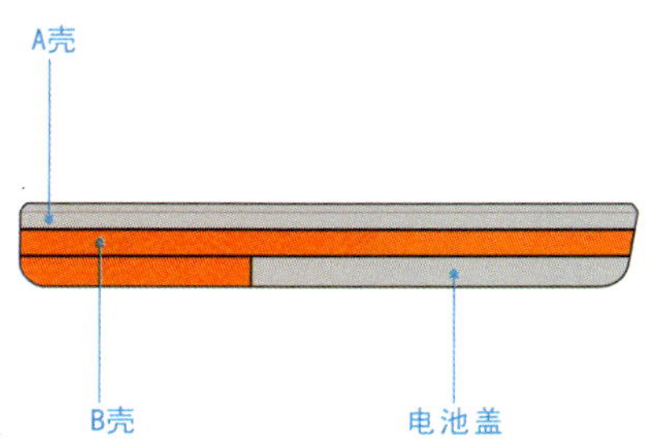

图 3-1　普通手机基本结构示意图

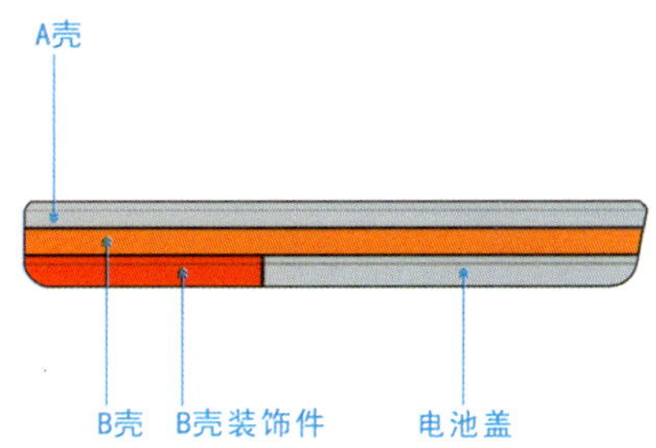

图 3-2　L680 直板手机基本结构示意图

2. PCBA 硬件分析

进行 PCBA（Printed Circuit Board Assembly，印制电路板装配）硬件分析，了解手机硬件各部分的名称及功能是做好手机设计的前提。要注意相关的设计要点，比如在手机的天线部分不能使用大面积的金属及电镀材料，这样会影响天线信号从而影响通话质量；扬声器孔或听筒孔要适度，过大或过小都会影响通话质量；按键的位置设计要尽量避开 LCD，否则会造成干扰，影响按键手感等。L680 直板手机 PCBA 硬件分析如图 3-3、图 3-4 所示。

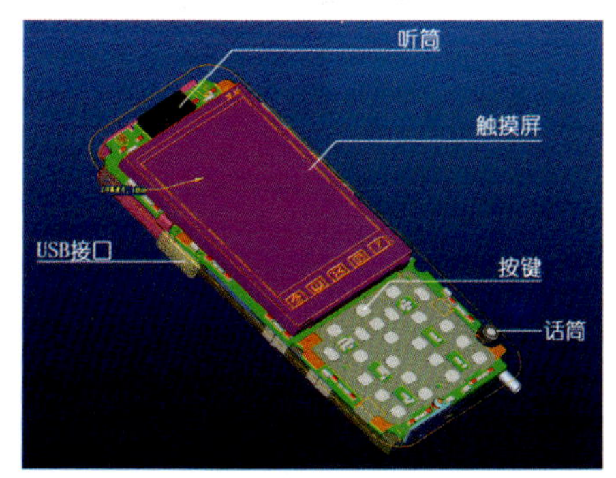

图 3-3　L680 直板手机 PCBA 硬件分析（一）

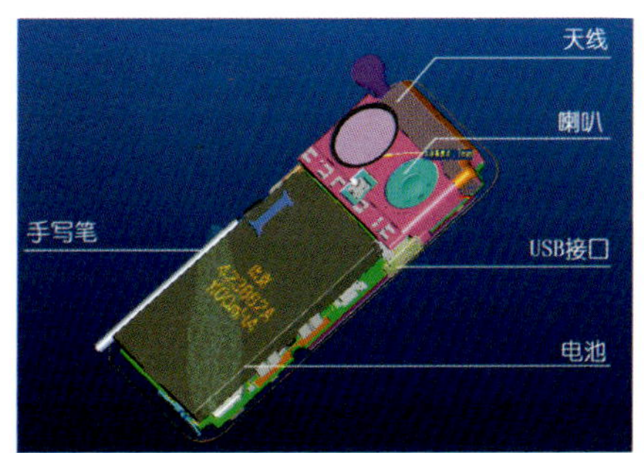

图 3-4　L680 直板手机 PCBA 硬件分析（二）

3. 明确设计目标

在项目启动会议中应针对不同的消费人群和使用环境列出：时尚、运动、可爱、音乐、概念等多方向主题进行目标设计。在客户没有提出具体目标方向时，通过讨论，一般选择三个方向进行设计，提供三个方案供评审选择。

4. 图片收集分析

如目标定为时尚方向，即设计一款时尚直板手机。收集一些时尚产品，如三星 MP3 随身听、Nike Airmax 运动鞋、时尚概念汽车设计方案等。如图 3-5～图 3-12 所示。

图 3-5　三星 MP3 随身听

图 3-6　一些时尚产品

图 3-7　Nike Airmax 2009 运动鞋（一）

图 3-8　Nike Airmax 2009 运动鞋（二）

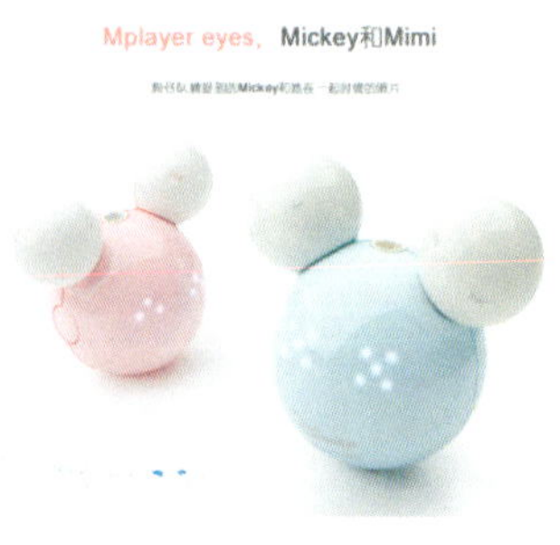

图 3-9　MP3 随身听

图 3-10　手机

图 3-11　概念汽车（一）

图 3-12　概念汽车（二）

此项目以概念汽车的设计方向为例，进行趋势分析。

5. 分析总结

收集适量的相关图片后，填写“图片分析报告书”（如表 3-2 所示）。

表 3-2　图片分析报告书

图片序号	类型/名称	色　彩	线条风格	材　料	消费人群
1					
2					
3					
4					
5					
6					
7					
8					
9					
10					

（续）

图片序号	类型/名称	色彩	线条风格	材料	消费人群
11					
……					

审核：　　　　　　　　　　　　　　制订：

由“图片分析报告书”进行趋势分析和总结。

例：概念汽车方向趋势分析总结

通过图片分析时尚风格，不管是数码产品，还是交通工具，它们都具有以下特点：

（1）线条相对圆润流畅。

（2）以运用渐变色和明亮的色彩为主。

（3）在产品局部设计上用了很多构成元素。

任务 2　直板手机效果图的设计

1. 设计流程

使用二维软件设计效果图通常的绘图原则是从后画到前，从大画到小。直板手机的二维效果图的设计也是如此，其制作步骤如图 3-13 所示。

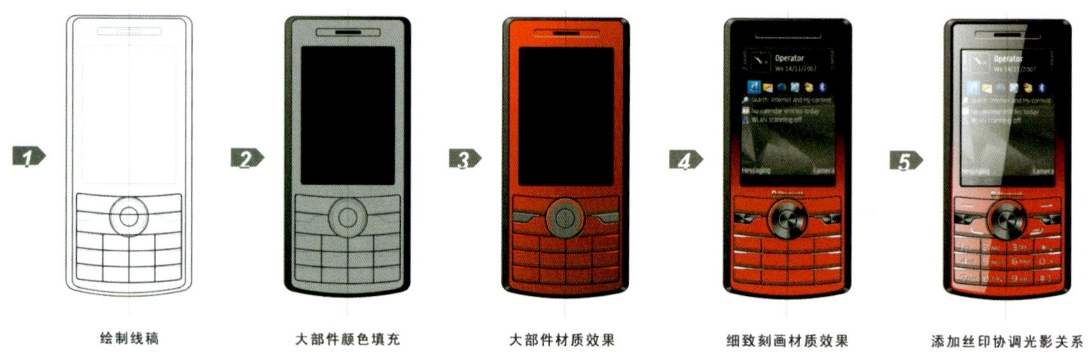

图 3-13　直板手机二维效果图制作流程

2. 整体填色

对整体大部件填色应熟练掌握“渐变填充工具”的应用。在“渐变填充”对话框的“类型”下拉列表中选择“线性”选项，在“颜色调和”栏下选中“双色”单选按钮，对直板手机前视图最低端进行填充；使用同样的方法对第二层进行颜色填充，设置为红色到黑色的渐变填充即可，如图 3-14 所示。

对侧视图的填充效果注意“均匀填充工具”与“交互式调和工具”的搭配使用。先使用单色对三物件进行均匀色彩填充，设置参数如图 3-15 所示。再使用“交互式调和工具”进行从后向前两次交互式调和。生成侧视图底面填充效果，如图 3-16 所示。

在填充侧视图的后壳时，要注意颜色的选择以及填充角度的变化。如图 3-17 所示。

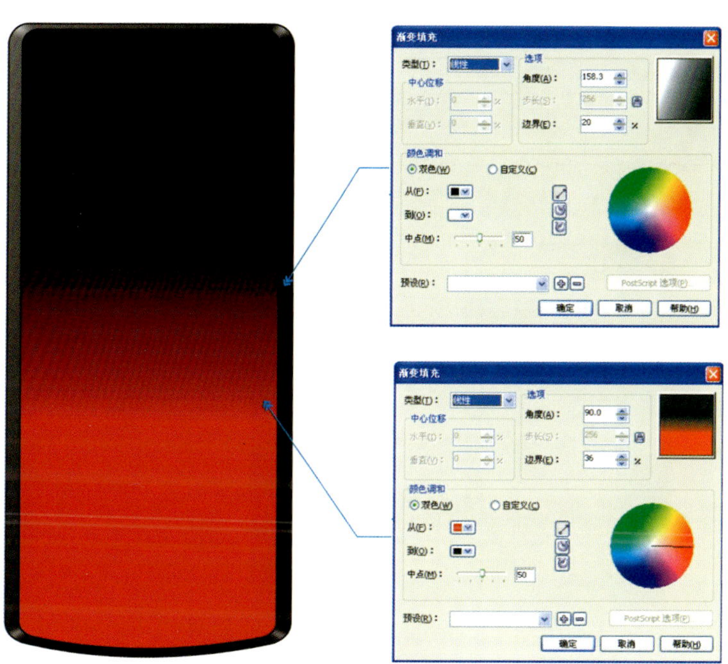

图 3-14　前视图填充

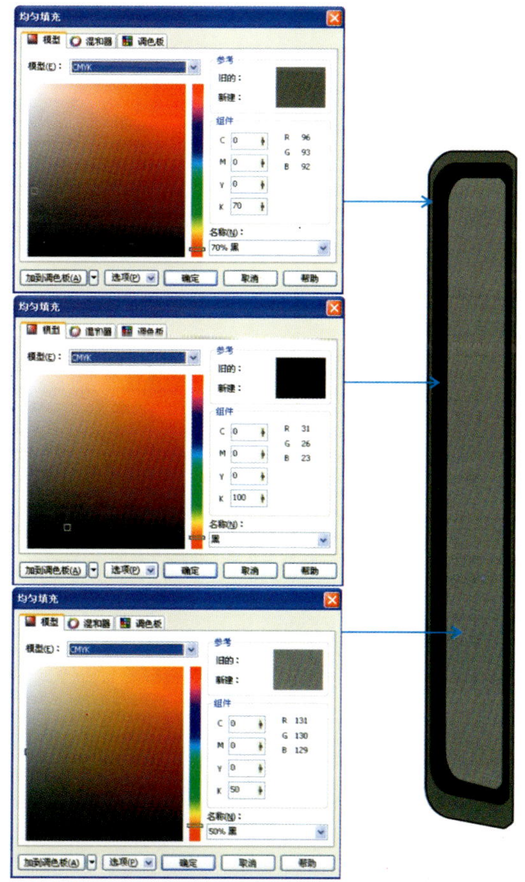

图 3-15　侧视图填充（一）

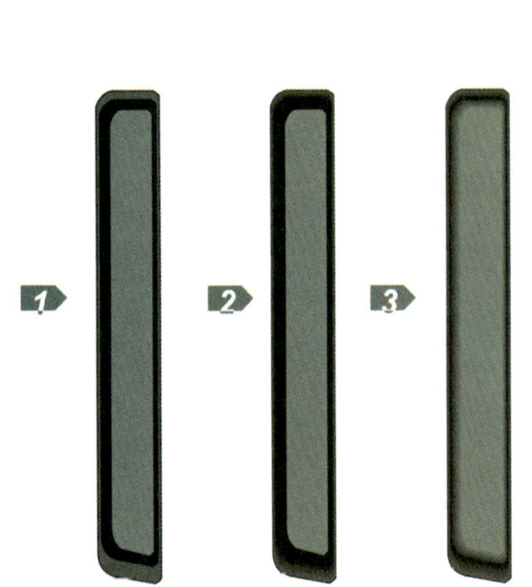

图 3-16　侧视图填充（二）

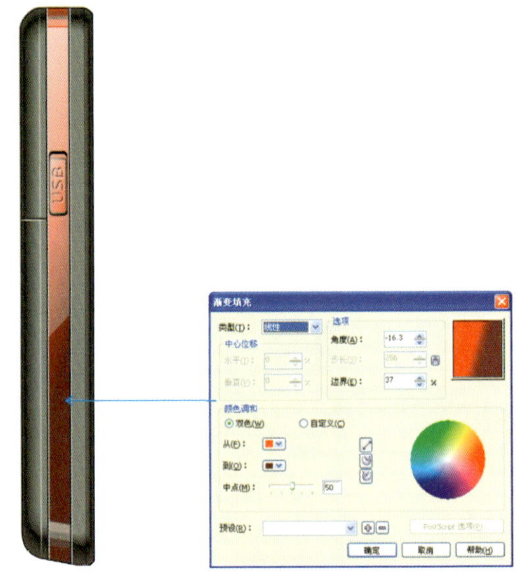

图 3-17　侧视图后壳的填充

3. 细节表现

（1）按键的细节表现　在导航键中进行细节处理，明确导航键与 OK 键的位置关系，这样就不会在绘制过程中混淆，其过程如图 3-18 所示。按键上的斜面和红色的激光雕刻区域都需要分成对立的物件进行单独绘制。在此过程中要注意以下两点。

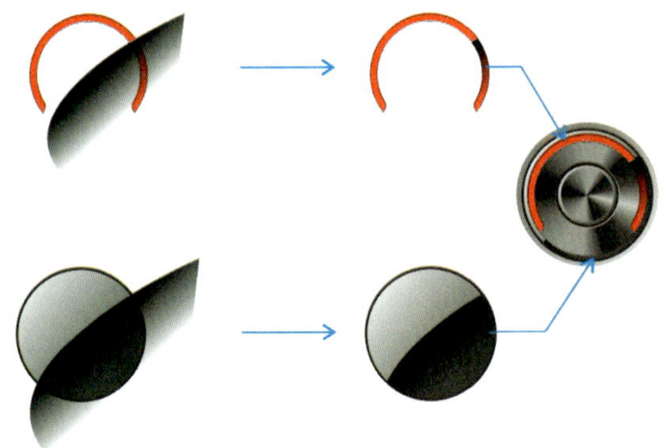

图 3-18　导航键的填充（一）

1）在表达较强的光影反差效果时，可通过单独物件置入该物件中来表现，如图 3-18 中的斜面和红色的激光雕刻区域就是这样绘制的。

2）在按键上的放射效果也是由“渐变填充工具”实现的，如图 3-19 所示，在“渐变填充”对话框中，将“类型”设置为“圆锥”，同时将“颜色调和”设置为“自定义”，再在其中进行调节生成。

（2）摄像头装饰件　摄像头及其装饰件的绘制与导航键的绘制方法等同。所不同的是增加了摄像头位图置入，如图 3-20 所示。对摄像头效果的表现，可以下载如数码相机的正视图等图片，用来剪切置入即可。

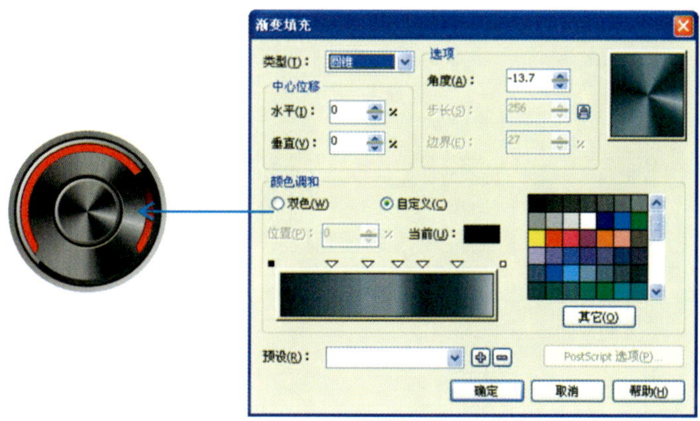

图 3-19　导航键的填充（二）

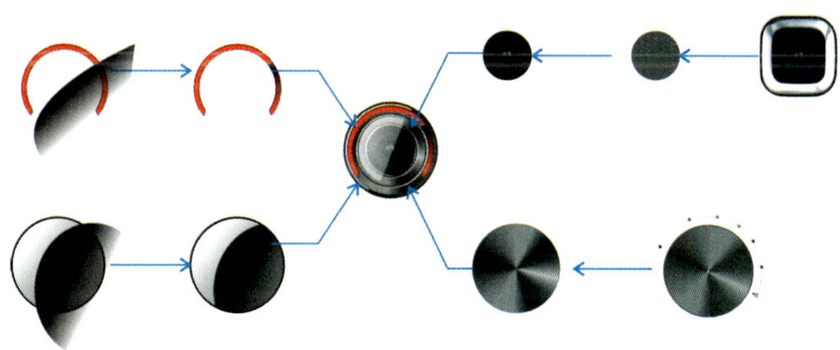

图 3-20　摄像头及其装饰件的填充

（3）后视图效果的绘制　后壳材料同前壳一样可以考虑使用 IML 工艺。可以下载构成元素，置入到后壳和电池盖的特定区域，如图 3-21 所示。

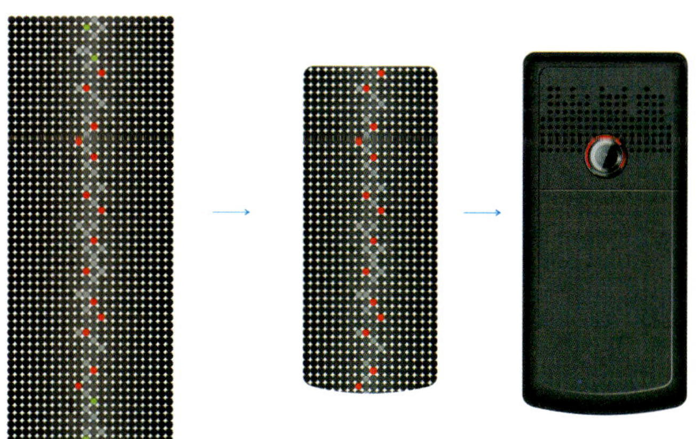

图 3-21　后视图

4. 协调各视图的关系

各视图效果均绘制完毕后，再进行统一的协调排版，要注意以下三点。

（1）丝印符号的字体要统一。

（2）光与影的效果要统一。

（3）各视图间的物件要对齐。

至此便完成了整个直板手机的二维效果图绘制，最终效果如图 3-22 所示，按快捷键【Ctrl】+【S】，保存文件。

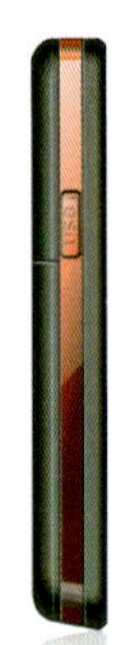
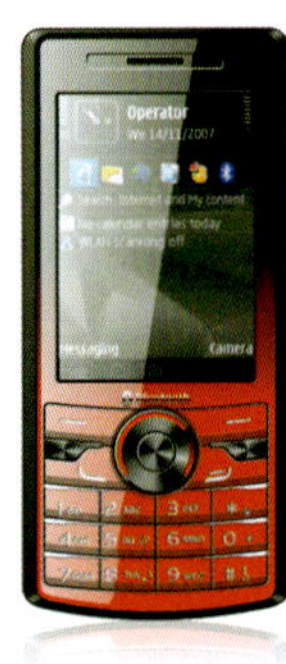

图 3-22　四个视图

回顾与思考

（1）直板手机的绘制流程是怎样的？每个流程中遇到些什么问题？是怎样解决的？

直板手机的绘制流程	遇到什么问题？	怎样解决问题的？
1. ______________		
2. ______________		
3. ______________		
4. ______________		
5. ______________		

（2）在进行绘制时都使用了哪些关键操作命令？

操 作 命 令	在界面中的位置	使 用 方 法
1. ______________		
2. ______________		
3. ______________		
4. ______________		
5. ______________		

延伸阅读

IML 表面处理工艺

1. IML 的概念

IML（In-Mold Lable）中文名称：模内镶件注塑。其工艺的特点是：表面是一层硬化的透明薄膜，中间是印刷图案层，背面是塑胶层。由于油墨夹在中间，可防止产品表面被刮花，使产品耐摩擦，并可长期保持颜色鲜明不退色。

这种塑料薄膜可分为三层：基材（一般是 PET）、油墨层（INK）、胶合材料（多为一种特殊的粘合胶）。当注塑完成后，通过粘合胶的作用使塑料薄膜和塑胶紧密结合融为一体，其表面硬度可达到 3H，并可长期保持颜色的鲜明。其中注塑的基材多为 PC、PMMA、PBT 等等。

2．IML 的工艺工序

IML 成型工艺流程如图 3-23 所示：

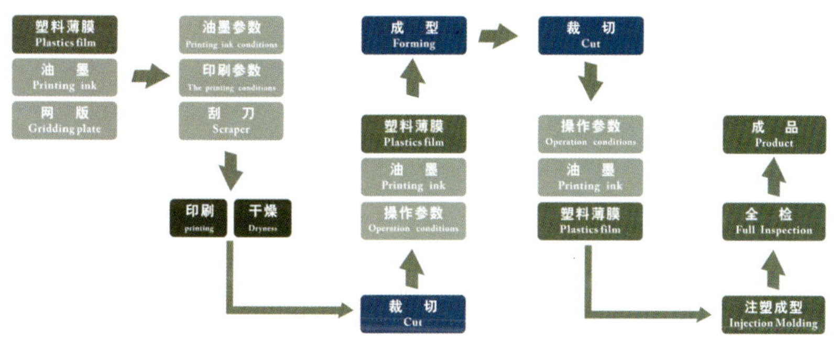

图 3-23　工艺流程图

3．IML 工艺的优点和缺点

（1）优点

1）胶片制作周期短，可表现多重色彩。

2）在生产中可以随时更改图案及颜色。

3）具有优良的抗刮性。

4）批量生产的数量很灵活。

（2）缺点

1）前期周期长。

2）易产生胶片脱落、扭曲变形等情况。

3）产品不良率较高。

4．IML 的应用领域

IML 的应用领域极为广泛，早期用于白色家电、玩具行业。近年来 IML 表面处理工艺的生产技术有了很大的提高，不良率受到了控制，现在广泛运用于数码产品、通信产品行业。以前在手机上的运用主要是手机镜片，现在运用到了整个手机的外壳表面处理。

课后作业

【任务】根据前面的项目讲述，完成直板手机另一主题目标方向的完整设计。

在智能型、音乐型、时尚型、特定功能型中任选一款设计。

【要求】

（1）能使用编辑命令绘制直板手机线框图。

（2）能够模拟手机不同材料的表面效果并将这些效果应用到直板手机的设计中。

（3）能利用模糊命令制作直板手机立体效果。

（4）能够根据评审意见完善直板手机设计。

项目4　滑盖手机的设计

本项目通过企业案例，深入了解手机外观设计的整个流程，更充分地认识手机设计领域。下面以某公司触摸滑盖手机为例对项目的设计流程进行介绍。

产品设计师职业素养之职业行为习惯四

学会与人沟通、交流和合作

作为一个产品设计师，要想顺利地、出色地完成设计开发任务，使自己设计的产品产生良好的社会效益和经济效益，离不开与方方面面相关人员的紧密合作。例如，设计方案的制定和完善需要与公司决策者进行商榷；市场需求信息的获得需要与消费者以及客户进行交流；销售信息的及时获得离不开营销人员的帮助；各种材料的来源、提供离不开采购部门的合作；工艺的改良离不开技术人员的配合；产品的制造离不开工人的辛勤劳动；产品的质量离不开质检部门的把关；产品的包装和宣传离不开营销策划人员的努力；市场的促销离不开公关人员的付出。

因此作为产品设计师，必须树立起团队合作意识，要学会与人沟通、交流和合作。这方面的能力，需要在校学习期间就开始注意锻炼和培养，并努力使之成为一种工作习惯，这对今后开展工作会十分有益。

学习目标

- 能够基于特定用户确定手机造型特点。
- 能确定不同视图的位置关系。
- 能将常见的手机材料应用到滑盖手机设计中。
- 能够根据评审意见完善滑盖手机的设计、排版、出图。
- 能确定手机生产工艺。

制作任务

- 解读外观设计要求书。
- 绘制滑盖手机六视图。
- 金属拉丝材质的表现。
- 排版并写设计说明。
- 设计并制作手机工艺文件。

依据表 4–1 所示设计任务书进行滑盖手机的设计。

表 4-1　项目 4 任务设计表

项 目 名 称	某公司触摸滑盖手机
项 目 要 求	比例尺寸符合人体工学要求 线框图清晰流畅，零件布局合理，视图准确 色彩搭配协调，效果表现逼真 背景最好用白色调的，并且标注简单的工艺说明
主屏尺寸/类型	3.0 in（1in=2.54cm） 16:9 触摸宽屏
规 格 要 求	108.5 mm × 52 mm × 21mm
备　　注	20 课时完成作品并提交

任务 1　滑盖手机调研分析

1. 设计输入文件

设计输入文件包括设计任务单和 PCBA（Printed Circuit Board Assembly）硬件以及其他相关文件。设计输入一般会在项目单下达后，给出大概的外观设计尺寸以及 LCD（Liquid crystal Display，液晶显示器）的具体位置。在设计输入的大体范围内进行外观设计的构思，同时其他的内部结构都可以根据外观设计而变化。设计师在收集输入文件后认真填写“项目输入书”，如表 4-2 所示。

表 4-2　项目输入书

项 目 名 称		填 表 日 期	
版次		编号	
1. 产品定位		基本配置	
市场		方案	
目标人群		LCD	
目标销量		摄像头	
主要卖点		其他	
2. 工业设计要求			
配色方案要求		素材要求	
外形尺寸要求		成本要求	
电池容量要求		其他要求	
特殊工艺的采用			
3. 附件清单			
（1）硬件设计完整状况			备注
主板开发到何阶段	□PR1　□PR2　□量产		
平面线架图	□有；□无，提供日期		
3D 堆叠图	□有；□无，提供日期		
产品定义	□有；□无，提供日期		
按键定义	□有；□无，提供日期		
电子零件规格书	□有；□无，提供日期		
外接件的规格	□有；□无，提供日期		
是否提供样品	□有；□无，提供日期		
（2）进度要求			
ID 完成日期	□无要求，自行计划；□明确要求		
开启模具日期	□无要求，自行计划；□明确要求		
确定量产日期	□无要求，自行计划；□明确要求		

审核：　　　　　　　　　　　　　　　　　　　　制订：

2. 召开项目启动会议

工业设计师、结构工程师和项目工程师以小组形式召开项目启动会议。以“项目输入书”为依据，同时调出相关文档，讨论项目的可行性。通过讨论确定设计目标，再进行定向的设计调研工作。在 PCBA 硬件分析中，必须要明确各个部件的位置和功能以及设计的相关注意事项，以便在设计时能充分考虑到。做好会议记录，做出“PCBA 硬件分析表”，如图 4-1、图 4-2 所示。

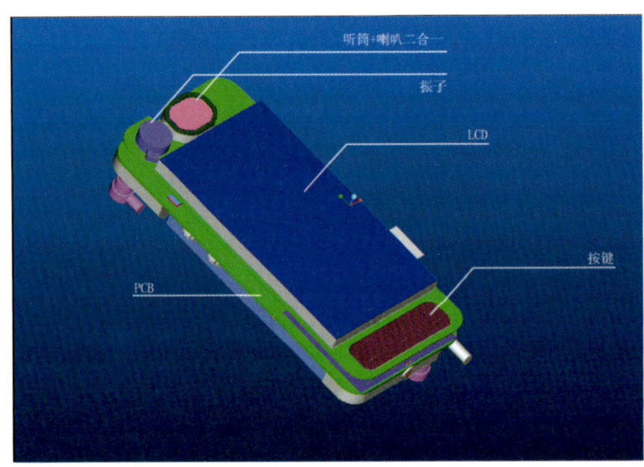

图 4-1　PCBA 硬件分析（一）

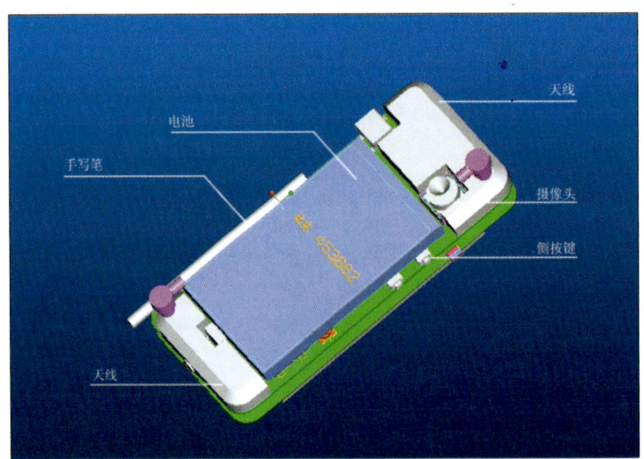

图 4-2　PCBA 硬件分析（二）

3．明确设计目标

在项目启动会议中应针对不同的消费人群和使用环境列出：商务、智能、时尚、音乐、GPS 等多方向主题以选择设计目标。在客户没有提出具体目标方向时，通过讨论一般从三个方向进行设计，提供三个方案供评审选择。此项目以商务设计方向为例，进行趋势分析。

4．图片收集分析

目标定在商务方向，即设计商务滑盖手机。收集一切关于商务产品，如商务投影仪、商务皮鞋、商务轿车、商务服装等信息，如图 4-3 至图 4-7 所示。

图 4-3　三星商务手机

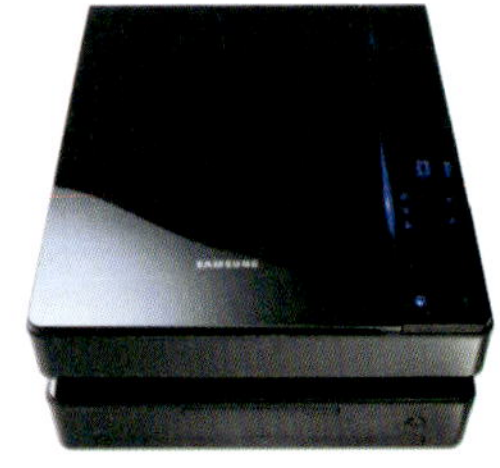

图 4-4　三星商务投影仪

图 4-5　商务皮鞋

图 4-6 商务轿车

a）

b）

c）

图 4-7 商务服装

a）服装图案 b）商务男装（一） c）商务男装（二）

5. 分析总结

收集适量的相关图片后，填写表 4-3 所示的“图片分析报告书”。

表 4-3 图片分析报告书

图片序号	类型/名称	色彩	线条风格	材料	消费人群
1					
2					
3					
4					
5					
6					
7					
8					
9					
10					
11					
……					

审核： 制订：

由“图片分析报告书”提供的信息作趋势分析总结。

例：商务风格方向趋势分析总结。

通过图片分析，不管是数码产品还是服装，商务风格所具有的特点如下：

（1）线条简洁硬朗。

（2）运用金属质感材料和高反光镜面材料。

（3）色彩稳重、典雅，以黑白色系为主。

（4）同时也有色度较低的彩色。

任务2 滑盖手机手绘草图创意

1. 草图构思

创意的开端是手绘草图，但手绘草图的开端是心中的构思。古人云“意在笔先”，在绘制前做到成竹在胸，创意就会在笔尖如泉涌般迸发。

2. 草图表现

草图表现的是最初的设计想法，把自己好的创意表达出来，一般以透视草图为主，局部细节用特写表现。在手绘草图的同时也可以适当加入设计说明性的文字，以方便草图评审。手绘草图是设计师相互之间前期交流最快速有效的沟通方式。

3. 绘制步骤

（1）用铅笔起大稿　如图4-8所示，在这里需要注意的几点是：首先，整体的透视要准确，轮廓体积关系要准确，因为这样画出来东西才有力量，才像一个真正的三维空间的产品展示在纸上；其次，视图的布局要准确，分割好纸面的每个部分；再次，是运笔稍微轻一些，自己能够看清楚就可以，因为这样有利于后期修改，另外还可以保持画面的整洁。

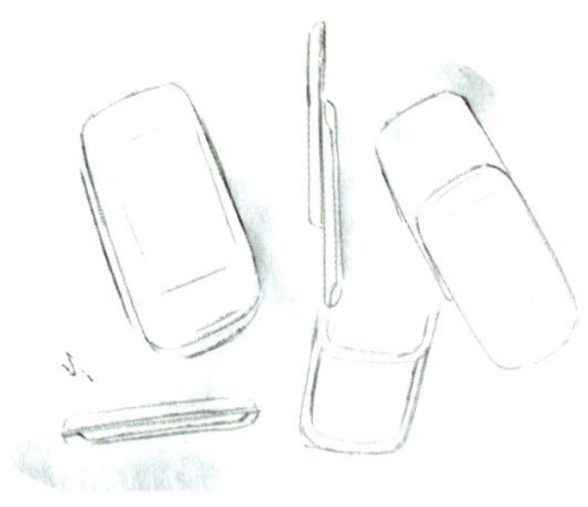

图4-8　绘制步骤一——起大稿

（2）用签字笔进行清晰描绘　如图4-9所示，铅笔描绘完毕以后就用签字笔描绘。这一步需要有极其坚定的信心和确定的线条，要根据第一步铅笔画的大稿进行描绘，正确的地方就依据铅笔印描，不对的地方再用签字笔重新勾画，并且注意在手机各面转折处的一些线条变化。注意按键、摄像头、听筒等位置和透视关系。

（3）细节描绘添加阴影　如图4-10所示，在这一步中尽量将一些细节的地方都表现出来。按键的分割，听筒孔的位置，转折面，还有一些装饰件等。描绘物体产生的阴影，明确阴影产生的区域、方向等，为下一步着色做好前期的铺垫。

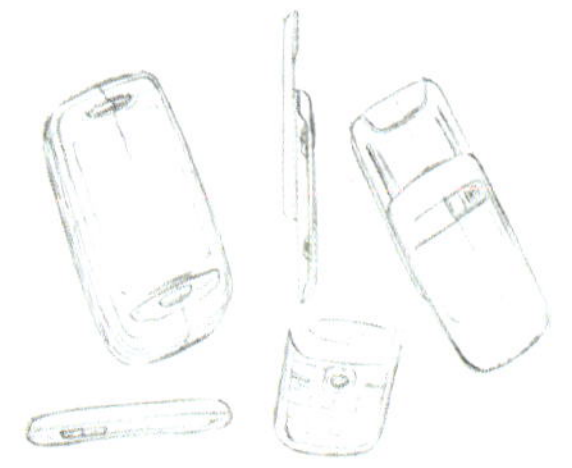

图4-9　绘制步骤二——签字笔描绘

图4-10　绘制步骤三——添加阴影

（4）用马克笔上大色　如图 4-11 所示，用不同颜色不同深度的马克笔上大色，这样来区分产品的颜色差别。

注意：在这一部里很重要的是要留一些白，比如一些白边留出来是为了表现手机的转折面和高光；还有一些白边留出是用来表现反光。其他的地方都涂掉来表示产品的固有色，尽量将颜色涂匀。

（5）进入最后的收尾处理阶段　如图 4-12 所示，对转折的地方进行处理。手机两个大面上就在明暗交界线的地方，再用稍微深点的马克笔描绘一下，然后再在转折处用白色的铅笔画点高光，使整个产品的立体感更强烈一些。最后用粗一些的签字笔在产品的最外圈勾一遍，目的是让整个草图更紧凑一些。标注上产品各部分使用的材料或写出设计说明。

图 4-11　绘制步骤四——马克笔上色

图 4-12　绘制步骤五——添加设计说明

使用同样的步骤绘制其他方案草图。图 4-13 所示为绘制步骤六，图 4-14 所示为绘制步骤七，图 4-15 所示为绘制步骤八。

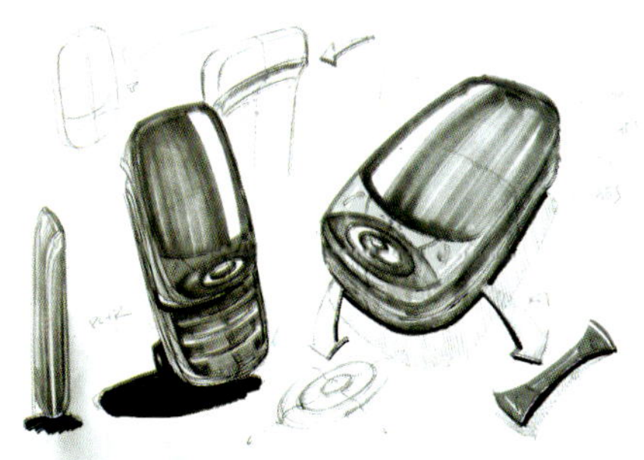

图 4-13　绘制步骤六

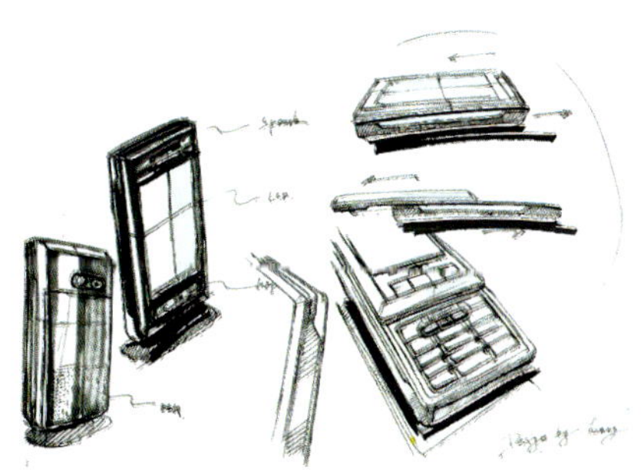

图 4-14　绘制步骤七

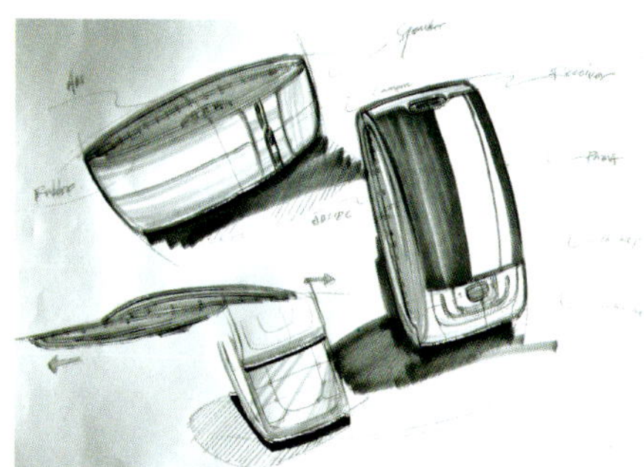

图 4-15　绘制步骤八

4. 召开草图评审会议

草图评审会议是将所有小组设计的草图方案放在一起进行评审。小组讨论，设计师互评，提出修改意见。该会议可以在设计前期进行多次，图 4-16 所示为草图创意流程图。做好会议记录，根据提出的修改意见进行完善。

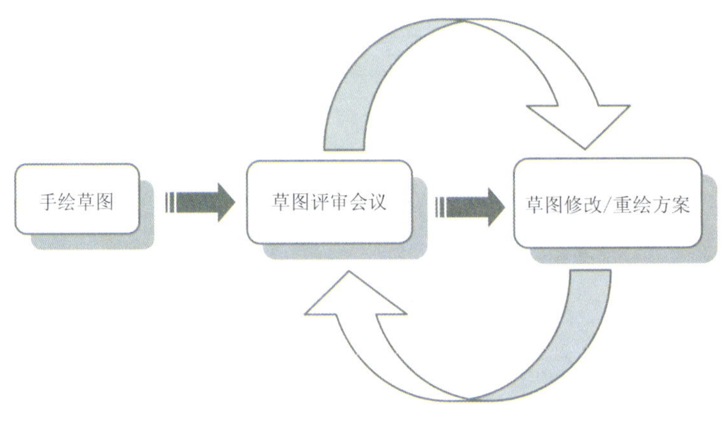

图 4-16　草图创意流程图

任务 3　滑盖手机二维线框图设计

使用各种二维软件绘制工业产品时，第一步都是轮廓线的绘制，而且是重要的一步。本任务中，滑盖手机的最终效果，如图 4-17 所示。

图 4-17　滑盖手机的最终效果

1. 导入文件

首先将该机硬件的 Auto CAD 文件中的 DXF 文件导入到 CorelDRAW X3 软件中，选择“公制（1 单位=1 毫米）”单选项，如图 4-18 所示。明确 PCB 板图上各个零件的位置关系，如图 4-19 所示。

图 4-18　DXF 文件导入

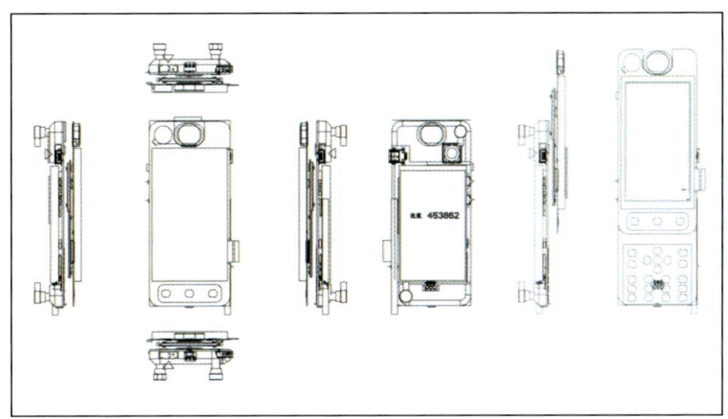

图 4-19　导入 CorelDRAW X3 后的 PCB 板图

2. 轮廓线条设计

根据任务 2 中最终确定的草图方案，绘出该方案二维线框的基本轮廓。

（1）初步描绘设计　确定外观的基本线条和部件的位置。该步骤应注意将轮廓线框在屏幕中保持居中，如图 4-20 所示。

（2）深入描绘设计　对细节部件深入描绘。电池盖的分形线等设计要与整体保持一致的风格，如图 4-21 所示。

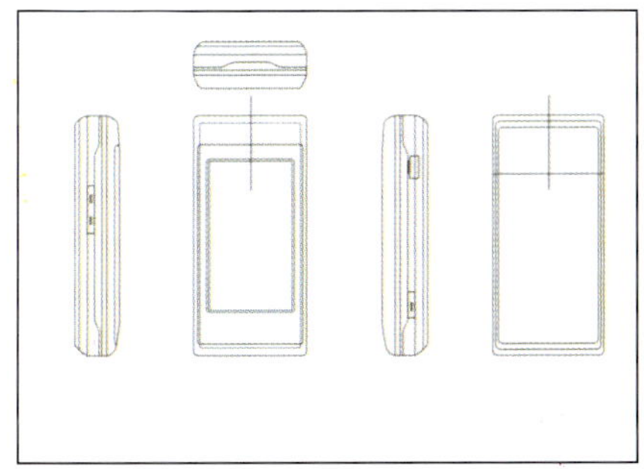

图 4-20　初步描绘

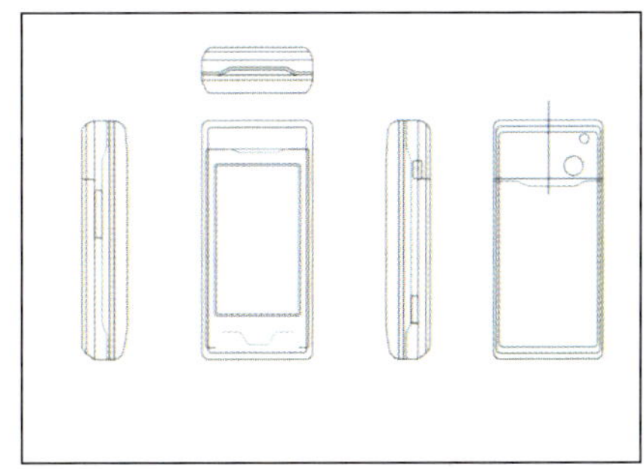

图 4-21　深入描绘

（3）按键及摄像头轮廓的设计　对于滑盖手机按键及摄像头轮廓的绘制以及听筒等小部件的设计，除考虑整体中的均衡性、协调性、对称性等，还应注重其形态要符合其功能的体现，如图 4-22 所示。

（4）滑开状态线框的设计　滑盖手机处于滑开状态线框的设计非常重要，相对于直板手机多出两个面的设计，如图 4-23 所示。

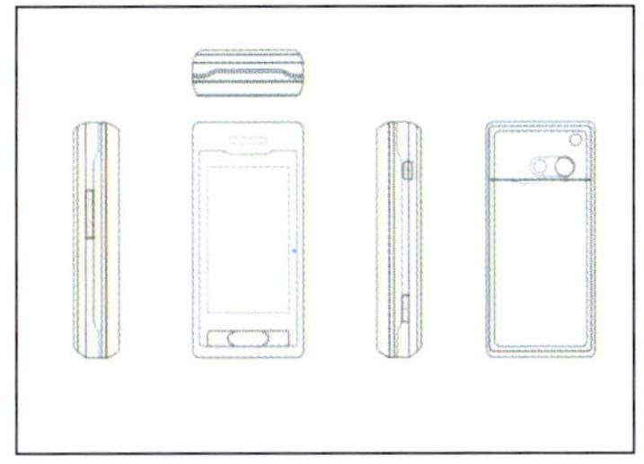

图 4-22　按键及摄像头轮廓的设计

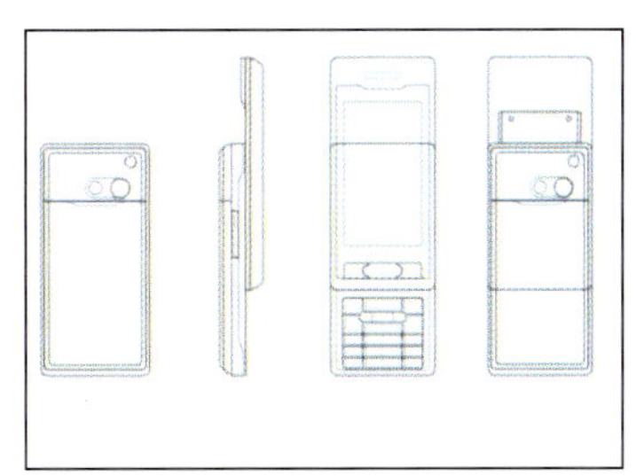

图 4-23　滑开状态线框的绘制

3. 召开二维线框图评审会议

评审标准如下所述。

（1）线条结构合理。

（2）外观轮廓完整。

（3）细节与整体和谐。

（4）视图尺寸正确。

根据以上四点评审标准对二维线框图进行评审，提出修改方案进行合理修改。二维线框图评审会议与草图评审会议一样可反复进行，直到定稿后再进行下一步工作，如图 4-24 所示。

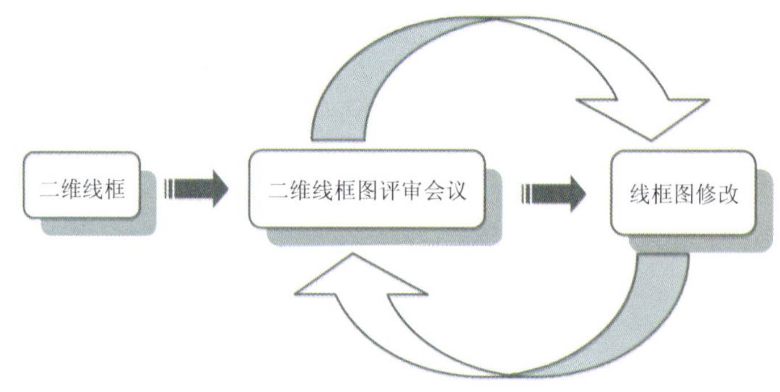

图 4-24　线框图设计流程图

任务 4　滑盖手机二维效果图设计

1. 整体填色

（1）大形体色彩填充设计　对整体大部件进行色彩填充，主要以单色填充为主，为了将各部件进行区分，可以采用黑白反差的色彩进行填充。通过该步骤的色彩填充，不仅给产品做了底色处理，同时使各部件之间的分隔更加清晰，为下面的工作做好准备，如图 4-25 所示。

（2）深入色彩填充设计　对整体大部件进行色彩填充后，要深入到各零件部分进行填充，如听筒、主按键、侧按键、摄像头、USB 接口、拍照键等，如图 4-26 所示。

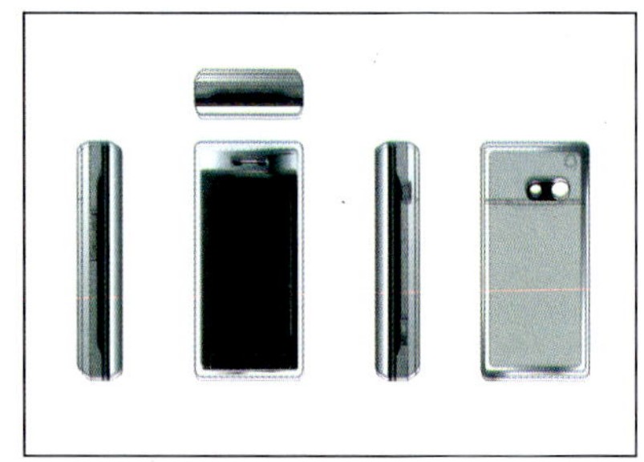

图 4-25　大形体色彩填充设计

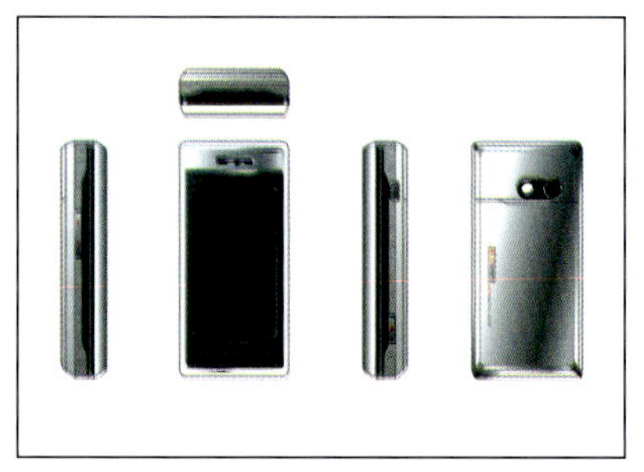

图 4-26　深入色彩填充设计

（3）细节填充设计　增加按键丝印、USB 接口凹刻符号等的细节设计，以及正视图上的拉丝纹理设计、后视图电池盖上的蚀纹设计。如图 4-27 所示。

2. 光影表现

确定主光源从左上角照射，根据照射方向绘制出屏幕及背部主题部分的反光效果，如图 4-28 所示。

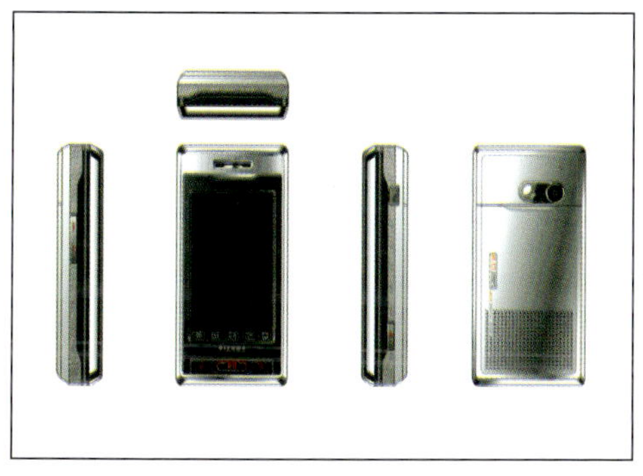

图 4-27　细节填充设计

图 4-28　光影表现

3. 召开效果图评审会议

效果图评审标准如下所述。

（1）各视图位置关系要合理。

（2）整体与局部要协调。

（3）细节表现要完整。

（4）色彩搭配要协调。

根据以上四点评审标准对二维效果图进行评审，提出修改方案并进行合理修改，如图 4-29 所示。

图 4-29　滑盖手机二维效果图

4. 排版输出

协调各视图的位置关系。对视图做适当的增减，然后加上文字说明、背景图案、尺寸标准、生产工艺描述，如图 4-30 所示。

图 4-30　最终效果图

任务 5　滑盖手机工艺文件设计

1. 工艺标注

（1）整体工艺　在进行工艺标注前要清晰认识手机各部件间的关系，然后对滑盖手机的每个部件进行详细的标注。其中包括：部件名称、材料及表面处理、潘通色号等，如图 4-31 所示。每个部件均是如此，如图 4-32、图 4-33 所示。

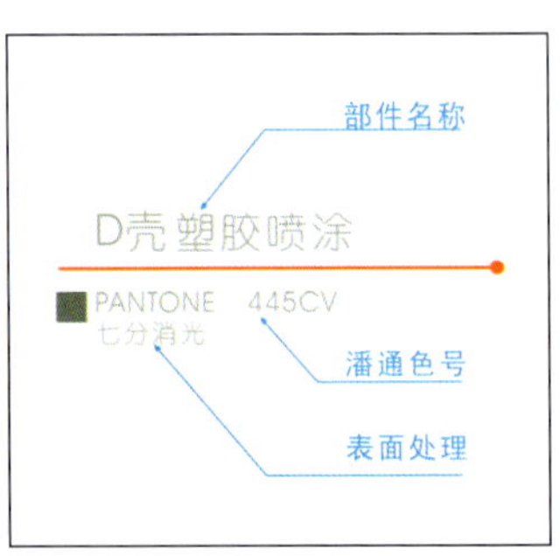

图 4-31　单部件标注分析

图 4-32　左视图、正视图的工艺标注

图 4-33　展开工艺标注

（2）主按键工艺　主按键主体为“P＋R”按键的键体喷涂镭雕（“P＋R”是 PC 和橡胶材料的简称），OK 按键为电镀银色。接听和挂断按键材料与主按键激光镭雕颜色不一样，所以也要进行分别标注，如图 4-34 所示。

（3）侧按键工艺　侧按键采用电铸模电镀镭雕，并且有光面或雾面的区别，如图 4-35 所示。

（4）A 壳按键工艺　A 壳按键为“P＋R”按键喷涂镭雕设计。颜色为黑色，潘通色号为 PANTONE BLACK 七分消光，如图 4-36 所示。

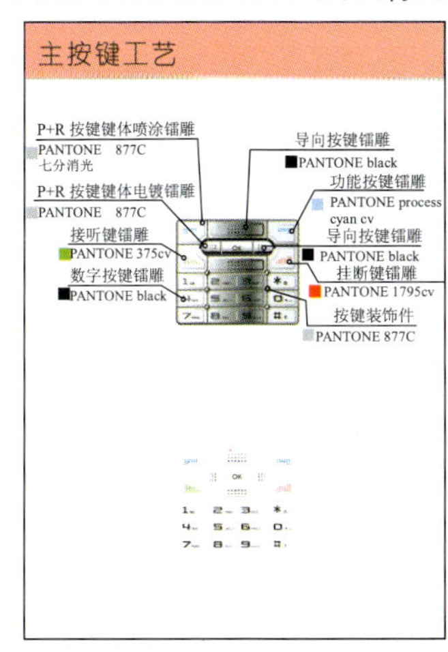

图 4-34　主按键工艺

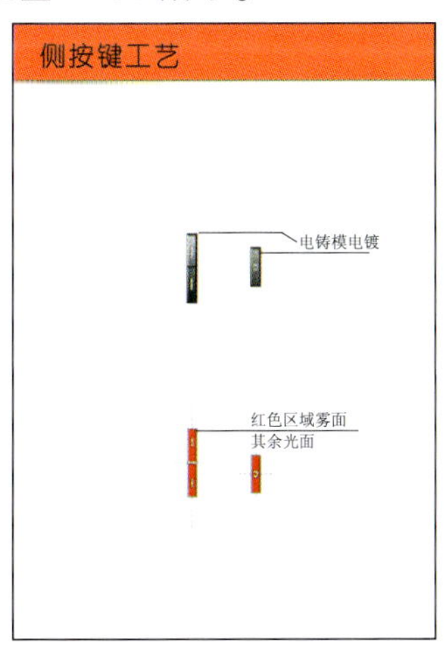

图 4-35　侧按键工艺

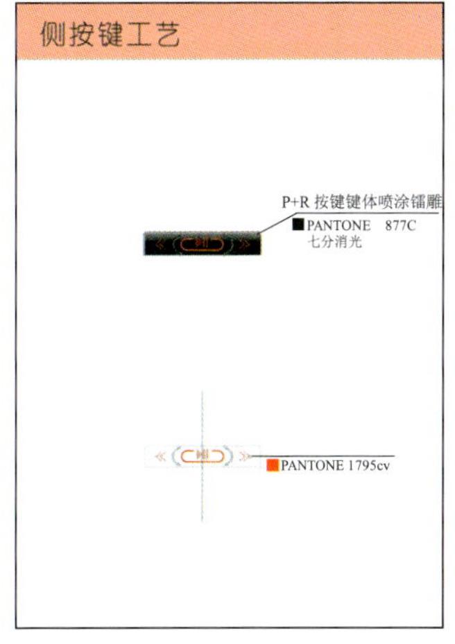

图 4-36　A 壳按键工艺

2. 菲林文件

（1）A 壳丝印　A 壳丝印 LOGO 为亮银色（潘通色号为“PANTONE 877C”），如图 4-37

所示。

（2）摄像头装饰件　摄像头装饰件为按割钢化玻璃或透明 PMMA 材料设计。钢化玻璃的硬度高、透光度好，所以其成本高于透明 PMMA。在此以钢化玻璃为例进行工艺标注，在实际生产中可以根据成本采用透明 PC 或 PMMA 替代，其丝印工艺是相同的，如图 4-38 所示。

（3）电池盖丝印　电池盖丝印采用双色丝印，双色丝印是两个颜色，所以要出两个菲林，出两个菲林的相应成本也增加两倍。同样，在实际生产中为节约成本也可考虑出一个菲林单色的丝印，如图 4-39 所示。

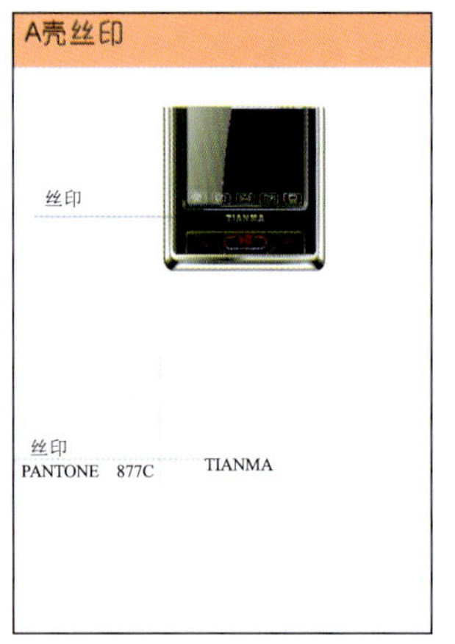

图 4-37　A 壳丝印

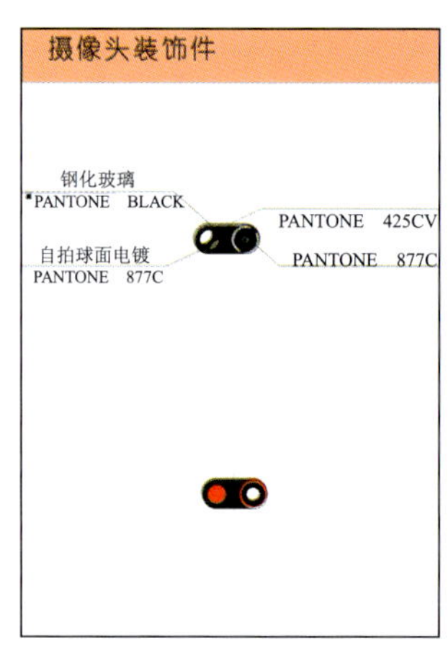

图 4-38　摄像头装饰件

图 4-39　电池盖丝印

（4）D 壳蚀纹菲林　D 壳蚀纹的形成在生产中是由模具凹刻生成，模具的凹刻是由菲林文件晒纹实现。所以在进行此菲林文件的制作需要标注其详细的参数：间距、斜度、粗细度等，如图 4-40 所示。

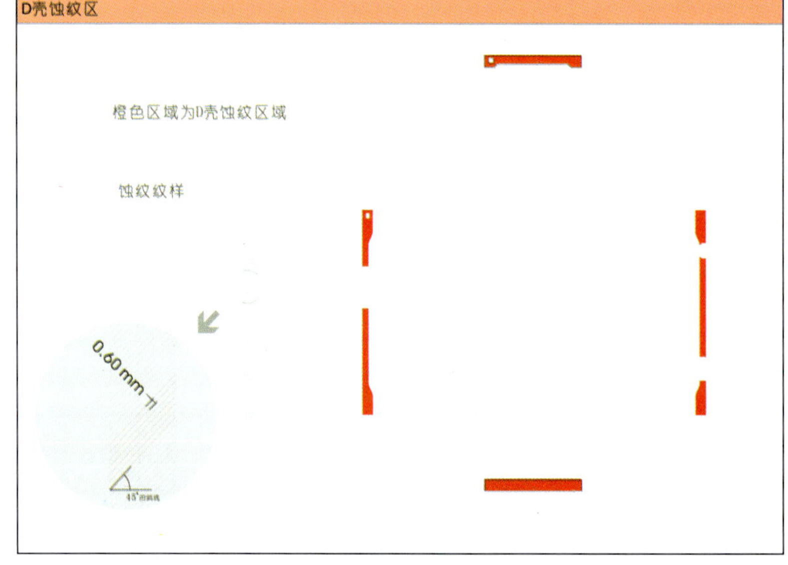

图 4-40　D 壳蚀纹薄膜

回顾与思考

（1）滑盖手机的绘制流程是怎样的？每个流程中遇到些什么问题？是怎样解决的？

滑盖手机的绘制流程	遇到什么问题？	怎样解决问题的？
1. ______		
2. ______		
3. ______		
4. ______		
5. ______		

（2）在进行绘制时都使用了哪些关键操作命令？

操 作 命 令	在界面中的位置	使 用 方 法
1. ______		
2. ______		
3. ______		
4. ______		
*. ______	……	……

项目总结报告

项目　　　　　　　　编号　　　　　　　　填表日期：

项　次	设计成功处	设计失误处	目前改善的对策	改 善 效 果	对类似问题点的设计建议

核准：　　　　　　　　审核：　　　　　　　　制定：

延伸阅读

1. 手板模型的制作

在产品的设计过程中，完成了设计图样以后，最想做的一件事 便是想知道自己设计的东西做成实物是什么样，其外观和自己的设计思想是否吻合，结构设计是否合理等。手板模型制造便是应这种需求而产生的。通俗点讲，手板就是在没有开模具的前提下，根据产品外观图样或结构图样先做出的一个或几个，用来检查外观或结构合理性的功能样板。

2. 手板的分类

早期的手板因为受到各种条件的限制，主要表现在其大部分工作都是用手工完成的，使得做出的手板工期长，而很难严格达到外观和结构图样的尺寸要求，因而用其检查外观或结构合理性的功能也大打折扣。

随着科技的进步，以及 CAD 和 CAM 技术的快速发展，为手板制造提供了更加好的技术支持，使得手板的精确成为可能。

另一方面，随着社会竞争的日益激烈，产品的开发速度日益成为竞争的主要矛盾，而手板制造恰恰能有效地提高产品开发的速度。

正是在这种情况下，手板制造业便脱颖而出，成为一个相对独立的行业而蓬勃发展起来。

（1）手板按照制作的手段分为手工手板和数控手板。

1）手工手板　其主要工作量是用手工完成的。

2）数控手板　其主要工作量是用数控机床完成的。根据所用设备的不同，又可分为激光快速成形（Rapid Prototyping，RP）手板和加工中心 CNC（Computer Numerical Control，计算机数控）手板。

RP 手板：主要是用激光快速成形技术生产出来的手板。

CNC 手板：主要是用加工中心生产出来的手板。

RP 手板同 CNC 手板相比较各有千秋。

RP 手板的优点主要表现在快速性上，但主要是通过堆积技术成形的，因而 RP 手板一般相对粗糙，而且对产品的壁厚有一定要求，比如说壁厚太薄便不能生产。

CNC 手板的优点体现在它能非常精确地反映图样所表达的信息，而且 CNC 手板表面质量高，尤其在完成其表面喷涂和丝印后，甚至会比开模具后生产出来的产品还要好。因此，CNC 手板制造愈来愈成为手板制造业的主流。

（2）手板按照制作所用的材料划分，可分为塑胶手板和金属手板。

1）塑胶手板　其原材料为塑胶，主要用于一些塑胶产品，比如电视机、显示器、电话机等等。

2）金属手板　其原材料为铝镁合金等金属材料，主要用于一些高档产品，比如笔记本式计算机、高级单放机、MP3 播放机、CD 机等。

3．制作手板的必要性

（1）检验外观设计　手板不仅是可视的，而且是可触摸的，它可以很直观地以实物的形式把设计师的创意反映出来，避免了　画出来好看，而做出来不好看　的弊端。因此手板制作在新品开发、产品外形推敲的过程中是必不可少的。

（2）检验结构设计　因为手板是可装配的，所以它可直观反映出结构合理与否和安装的难易程度，以便于及早发现问题，解决问题。

（3）避免直接开模具的风险性　由于模具制造的费用一般很高，比较大的模具价值数十万元乃至几百万元，如果在开模具的过程中发现结构不合理或其他问题，其损失可想而知。而手板制作则能避免这种损失，减少开模风险。

（4）使产品面世时间大大提前　由于手板制作的超前性，可以在模具开发出来之前利用手板做产品的宣传，甚至前期的销售、生产准备工作，以便及早占领市场。

手板照片如图 4-41　图 4-46 所示。手板评估报告见表 4-4。

图 4-41　手板照片（一）

图 4-42　手板照片（二）

图 4-43　手板照片（三）

图 4-44　手板照片（四）

图 4-45　手板照片（五）

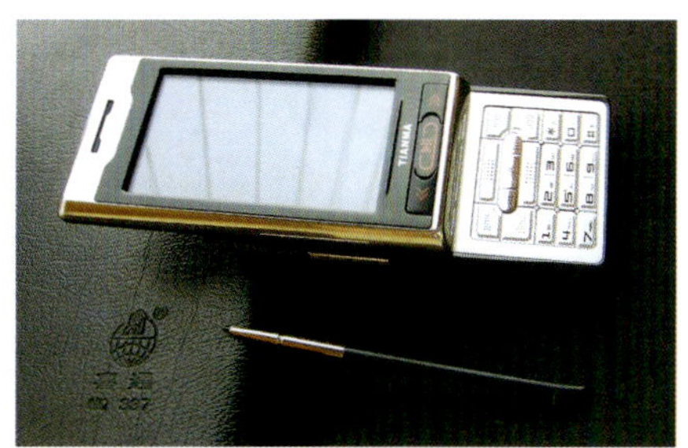

图 4-46　手板照片（六）

表 4-4　手板评估报告

手板评估报告				编号：
助理填写	机型		客户	
	阶段		评估日期	

	问题点	解决方案	问题归属
工程师填写			
	评审人员确认：		
注：1. 项目工程师组织负责项目各人员召开手板评审会议，完成评审			
2. 此表表头由项目助理填写，连手板一起交给相关工程师，工程师依实际情况填写后交项目助理整理归档			
3. 评审人员确认必须由外观设计工程师、结构设计工程师、项目工程师三方签字有效			
4. 评审完毕，由项目助理将报告的影印件发到客户及手板厂，并知会相关人员跟进			

审核：　　　　　　　　　　　　　　　　　　　　　　　　项目助理：

课后作业

【任务】根据前面的项目讲述，完成滑盖手机另一主题目标方向的完整设计。如智能型、音乐型、时尚型、特定功能型等任选一个设计。

【要求】

（1）能将市场上常见的手机材料应用到滑盖手机设计中。

（2）线框图清晰流畅，零件布局合理，视图准确。

（3）注意光影的渲染，效果表现逼真。

（4）认真填写相关表格。

（5）能够根据评审意见完善滑盖手机设计、排版、出图。

项目5　概念通信产品的设计

本项目通过对老人用手机设计案例，掌握概念通信产品设计流程及概念设计的方法。概念设计围绕设计概念而展开，设计概念联系着概念设计的方方面面。概念设计是由分析用户需求到生成概念产品的一系列有序的、可组织的、有目标的设计活动，它表现为一个由粗到精、由模糊到清晰、由具体到抽象的不断进化的过程。概念设计即是利用设计概念并以其为主线贯穿全部设计过程的设计方法。概念设计是完整而全面的设计过程，它通过设计概念将设计者繁复的感性和瞬间思维上升到统一的理性思维，从而完成整个设计。

产品设计师职业素养之职业道德

作为一个产品设计师来说，同其他所有的职业设计师一样:

首先，要热爱工作。只有热爱设计、热爱工作，才能充分发挥自己在工作中的最大潜能。

第二，要具有高度的责任心。反之，由不负责任的产品设计师设计产品，一定是对大众的不负责。

第三，要具有团队意识。一个好的设计成果不是靠个人力量就能实现的，它需要众人齐心协力地发挥各自最大的主观能动性，才能取得成功。

第四，要有前沿的市场意识。作为一名产品设计师，必须随时了解人们关注的焦点以及产品的发展趋势，才能在不断的探索创新中取得进步。

学习目标

- 理解概念通信产品特定用户的需求。
- 掌握设计调研方法与流程。
- 能够根据调研结果创作概念通信产品。

制作任务

- 针对特定消费者调研。
- 制作设计调研报告书。
- 绘制概念通信产品效果图。

依据表 5-1 的设计任务书，展开概念通信产品的设计工作。

表 5-1　项目 5 设计任务书

项 目 名 称	概念通信产品的设计
项目要求	针对特殊消费人群的概念设计 比例尺寸符合人体工学要求 线框图清晰流畅，零件布局合理，视图准确 色彩搭配协调，效果表现逼真
主屏尺寸/类型	不限
规格要求	不限
备注	20 课时完成作品并提交

任务 1　起草概念通信产品调研报告

调研报告涉及的范围非常广泛，产品研发、制造、销售过程中的每一环节以及在这一过程中所涉及的生产企业、设计师、销售人员、竞争对手和消费者等，都是其调查的范围和需要关注的对象。

按照项目要求对确定调研的项目内容展开信息资料的收集工作。设计调研的方法很多，不同的内容采取的调查方法也不同。例如，对于产品使用情况的调查，设计师可以采用走访、问卷调查、使用过程拍照、亲身体验等方式获得相关信息；而对于产品的结构、技术和工艺方面的信息，则需要在企业相关部门的配合下，通过收集、分析获得；

产品的市场需求状况、消费趋势、技术发展趋势、竞争产品情况等因素，设计师无法以自身的知识和经验直接获得，因此要最大限度地调动社会资源，采取行之有效的方法获得必要的资料。总之，设计调查的内容和方法要取决于设计任务的类别、时间计划和信息资源条件等。调研的结果可以用文字、表格、图表和照片等形式表示。针对该概念通信产品的设计，从用户研究和需求分析两个大的方向进行。该任务以老年人用通信产品设计为例进行调研设计。

1. 老年人群基本状况及分类

（1）老年人群的分类与现状　国内目前 60 岁以上老年人有 1.5 亿，约占全国总人口数的 12%。这个数据比例还在不断的增长，如图 5-1、图 5-2 所示。按照老年人的年龄结构和身体健康状况，将老年人群体大致划分为三类：低龄老年人，即 60 岁左右，身体基本健康；体弱多病、残障老年人；高龄老年人，即 80 岁以上，生活自理能力较差或不能自理的。

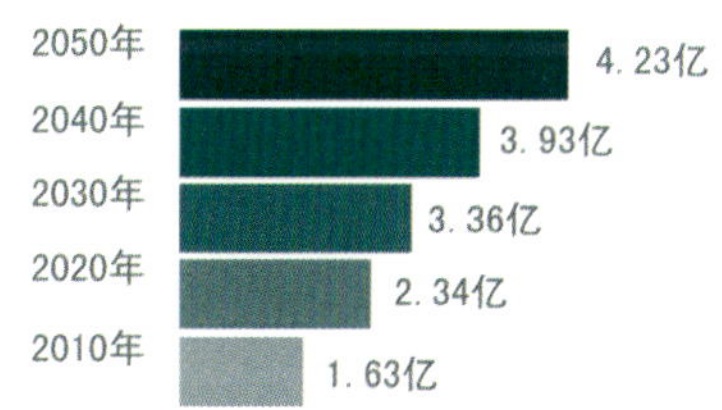

图 5-1　中国 60 岁以上老年人口增长预测图表

图 5-2　人口老龄化

在上述的三类老年人群体中，残障老年人这一较特殊的群体特别值得人们关注。据中国残障联盟公布的一项统计数字显示，目前中国有 6000 多万残障人士，60 岁以上的残障老年人有 2383 万多人，占残障人总数的 39.72%，我国残障老年人的比例是明显偏高的。

（2）不同老年人群的基本需求特征　由于老年人群的复杂性和多样性，必须针对不同的老年群体提供相应的产品和服务。按照老年人的年龄结构和身体健康状况，将不同阶段的老年群体的不同需求划分为以下三类。

1）60～69 岁的低龄老年人。这些老年人由于身体基本健康，大多数依然与社会联系紧密，非常注重自身形象。除必要的实物性消费外，在文化、娱乐、教育、体育以及外出旅游、观光等各方面，活动的欲望都比较强烈。

2）70～79 岁的中龄老年人。这些老年人依然需要一定的物质消费和社交活动，但逐渐呈现出对医疗、护理、药品、保健品以及相应服务性消费的需求明显上升。

3）80 岁以上的高龄老年人。在这些老年人中，大部分由于年纪大了或是患有疾病，生活自理能力较差或不能自理。要为其提供护理服务、特别护理设施、特殊商品和服务。

通信产品消费人群使用特征如图 5–3 所示。

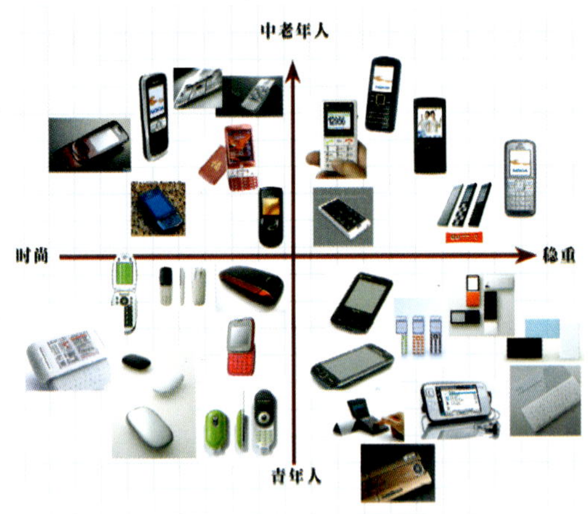

图 5–3　通信产品消费人群使用特征

2. 老年人用产品设计开发的基本原则

在工业设计理念的指导下，通过对老年人用产品中现有的、不够理想的和极具潜力的、有待开发的产品进行研究分析，从以下几个方面展开。

（1）产品功能开拓　目前，国家标准列出的残疾人和老年人辅助器具类产品有 700 多个品种，但实际生产开发的还不足 300 种。要真正走到老年人群中去，了解老年人的需要，关注他们的生活质量，从材料的选用、外形的设计、多功能及舒适性等方面进行多种不同的改进尝试和特殊设计，为老年人开发出适应面广、舒适且个性化程度高的用品。

（2）造型颜色时代感　设计老年产品在造型上要根据老年人群不同的年龄阶段、不同的地域环境、不同的气候条件、不同的民俗习惯等差异性，做出相应调节。充分考虑老年人的接受观念和接受能力。色彩上不可过于刺激，但是要一改以往大多数老年人产品颜色黯淡、色彩单一的缺点，增加产品的个性化和时代感元素的应用。

（3）材料结构技术　老年人使用的产品无论设计得如何好，涉及老年人利益的是这个产品所承诺的各种功能的最终实现和安全可靠，不能让老年人在实际使用时才发现毛病，更不要将一些过于复杂的结构和功能强加于老年人用产品。如果设计者和生产者不能通过改进技术，加大产品科技含量的话，再好的造型和色彩设计也不能赢得老年人的青睐。

（4）包装营销　在老年人用产品的开发设计中，包装和营销是不可或缺的部分。大多数老年人用产品本身就忽视与最终使用者的信息交互，忽略了产品的包装、广告宣传及销售策略。因此，只有以优秀的创意，先进的技术，再融合各种文化、审美心理学、消费心理学等因素和要求完成一整套产品设计，才能满足老年人不断提高的消费需求。

3. 调研报告书

通过以上分析，进行归纳整理，收集相关资料，制作 PPT 文档调研报告书，见表 5–2。

表 5-2　制作 PPT 文档调研报告

课时分配	目　标
2 课时	调研报告书目录
4 课时	调研报告书内容
2 课时	调研报告书答辩

任务 2　概念通信产品手绘草图创意

1. 草图构思

对调研报告书的结果进行分析，得出结论，即发现目标人群在使用通信产品时存在的问题。提出可以通过设计解决的问题。提出解决这些问题的方法。

2. 草图表现

草图表现的是最初的设计想法，把自己好的创意表达出来，一般以透视草图为主，局部细节用特写表现。在绘制草图的同时也可以适当加入设计说明性的文字，以方便对草图的评审。手绘草图是设计师相互之间前期交流沟通最快速有效的沟通方式，手绘草图方案如图 5-4～图 5-7 所示。

图 5-4　手绘草图方案（一）

图 5-5　手绘草图方案（二）

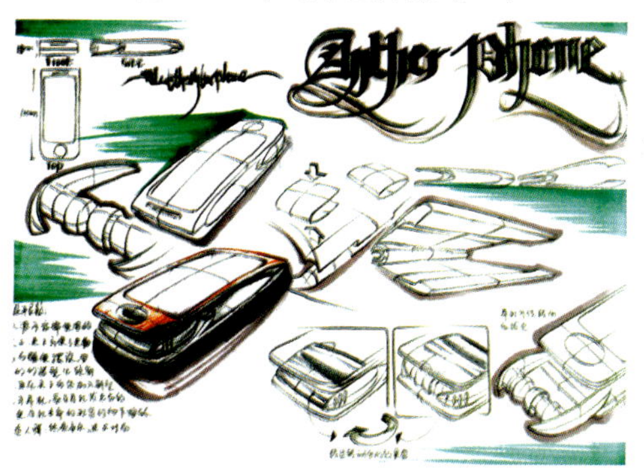

图 5-6　手绘草图方案（三）

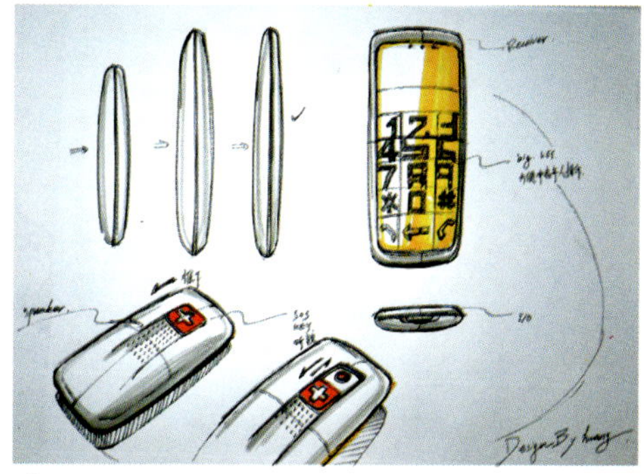

图 5-7　手绘草图方案（四）

3. 召开草图评审会议

草图评审会议是将所有小组设计的草图方案放在一起进行评审。小组讨论，互评，提出修

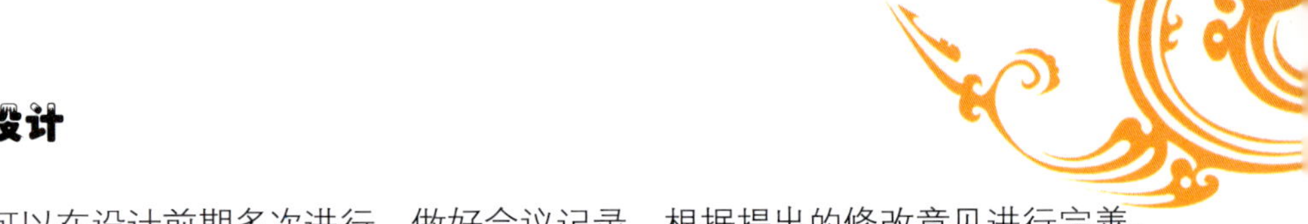

改意见。该会议可以在设计前期多次进行。做好会议记录，根据提出的修改意见进行完善。

任务3　概念通信产品二维效果图设计

1. 线框绘制

（1）初步描绘设计　根据已确定的草图方案设定二维线框图尺寸，描绘老年人用手机二维线框图，如图5-8所示。

（2）深入描绘设计　继续深化线框图，对手机听筒和喇叭、USB接口进行设计，如图5-9所示。

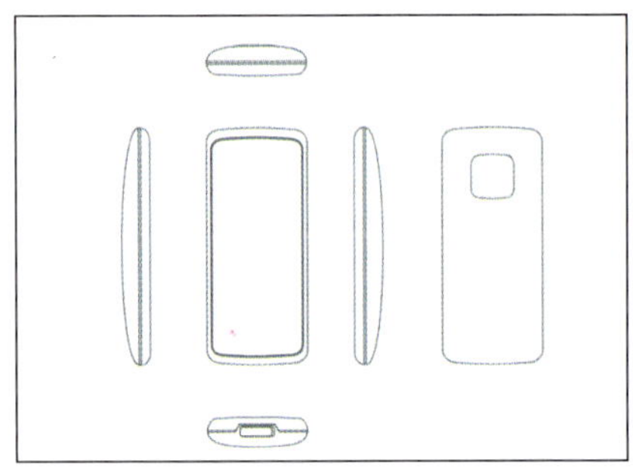

图5-8　初步描绘设计

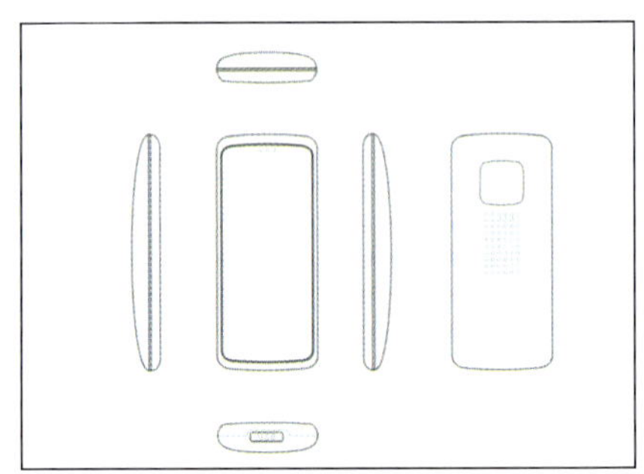

图5-9　深入描绘设计

2. 整体填色

根据图5-9所确定的线框图设计方案进行初步整体填色。对整体进行色彩填充，以单色填充为主，使用填充工具将各部件区分，可以采用黑白反差的色彩进行填充，如图5-10所示。

3. 光影表现

（1）塑造材质设计　协调各视图间的关系，绘制手机基本光影材质及局部材质设计，如图5-11所示。

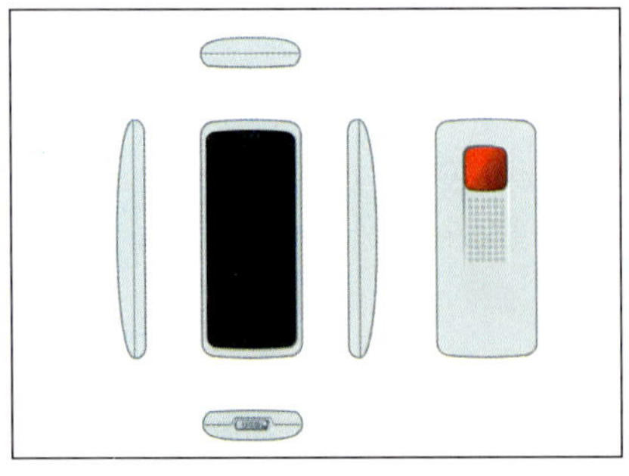

图5-10　整体填色

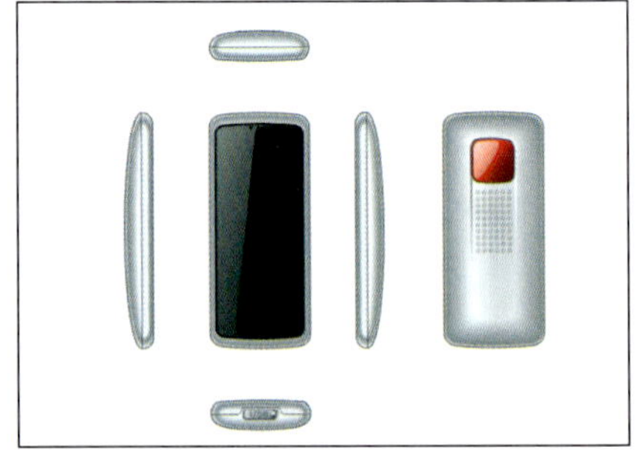

图5-11　塑造材质

（2）细节描绘设计　添加手机在拨号状态的界面效果，对喇叭孔及呼叫按钮盖进行细节描绘设计，如图5-12所示。

（3）呼叫功能按钮设计　将呼叫功能按钮的盖子滑下，设计出呼叫功能按钮造型及质感渲染，如图5-13所示。

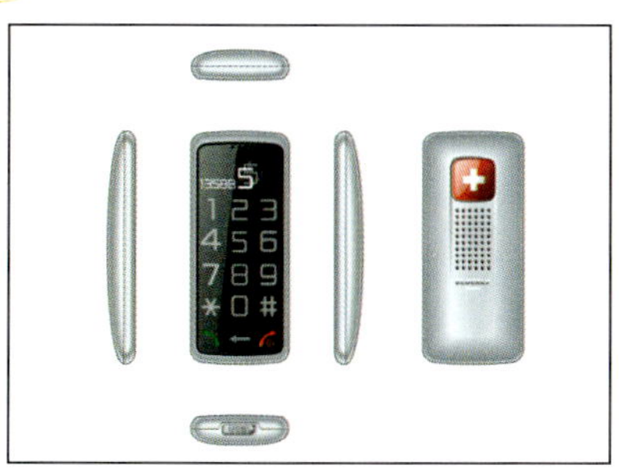

图 5-12　细节描绘

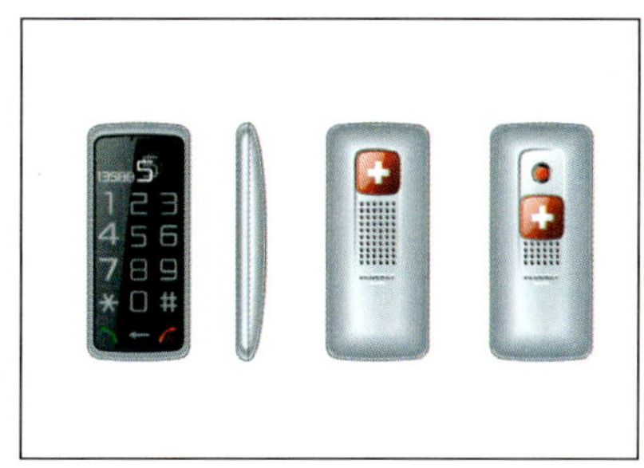

图 5-13　呼叫功能按钮造型

4. 设计说明及其版式设计

注意版面的简洁，设计说明的语言要精炼并且完整地表达设计者的意图，如图 5-14 所示。

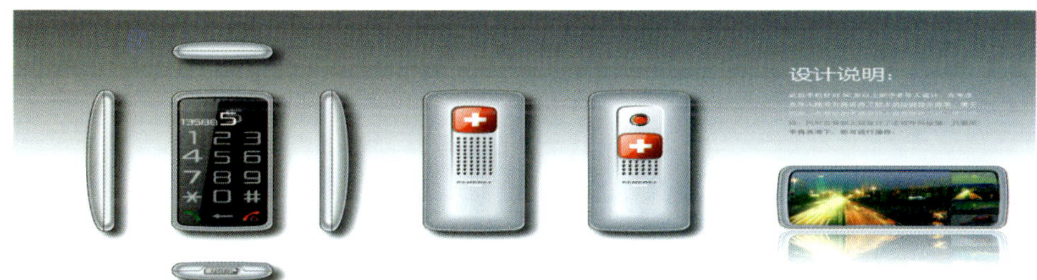

图 5-14　设计说明及其版式设计效果图

回顾与思考

（1）概念手机的设计流程是怎样的？每个流程中遇到些什么问题？怎样解决的？

概念手机的设计流程	遇到什么问题?	怎样解决问题的?
1 ________		
2. ________		
3. ________		
4. ________		
5. ________		

（2）绘制时使用了哪些关键操作命令？

操 作 命 令	在界面中的位置	使 用 方 法
1. ________		
2. ________		
3. ________		
4. ________		
*. ________	……	……

延伸阅读

优秀设计的标准——德国博朗公司优良设计十项原则，如图 5–15 所示。

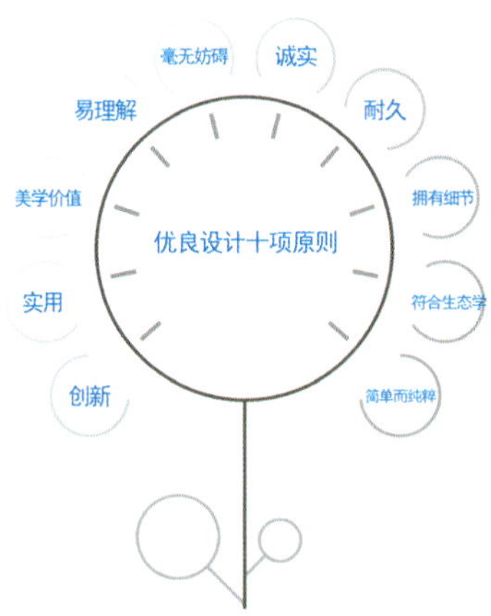

图 5-15　优良设计十项原则

博朗的设计理念源于 1955 年，经过几十年的发展完善，这一特点鲜明、注重功能的设计风格被设计大师迪特・拉姆斯（Dieter Rams）概括总结为产品设计的十项原则。

1. 优良的产品设计是创新的

创新设计的可能性是不可能用尽的，因为技术的不断发展总是为创新设计提供了新的机遇。创新设计总是与开发创新技术同时产生，两者都是在不断发展的。

2. 优良的产品设计是实用的

产品是买来使用的，它必须满足某些条件，不仅实用，而且符合人们的心理和审美要求。不论是产品的主要功能还是辅助功能，都有一个特定及明确的用途。

3. 优良的产品设计是具有美学价值的

产品的美感以及它营造的魅力是产品实用性不可分割的一部分。人们每天使用的产品都会影响着人们的生活环境，也关乎人们的幸福。

4. 优良的产品设计易被理解

优良的设计让产品简单明了，让产品的功能一目了然。如果能让产品不言自明、一望而知，那就是优良的设计。

5. 优良的设计是不显眼的

优良的设计不是触目、突兀和炫耀的。产品不是装饰物，也不是艺术品。产品的设计应该是自然的、内敛的，为使用者提供自我表达的空间。

6. 优良的设计是诚实的

设计不需要稍纵即逝的时髦。在人们习惯于喜新厌旧、习惯于抛弃的今天，优良的设计

是能在众多产品中脱颖而出，让人珍视。

7. 优良的设计是耐久的

一些时髦产品可能会很快过时，而优良设计的产品是耐得住时间的考验。

8. 优良的设计是贯穿每个细节的

设计时不能存在侥幸心理，不能留下任何漏洞。设计过程中的精益求精体现了对使用者的尊重。

9. 优良的设计是符合生态学的

设计应该兼顾环保，致力于维持稳定的环境，合理利用原材料。当然，设计不应仅仅局限于防止对环境的污染和破坏，也应注意不让人们的视觉产生任何不协调的感觉。优良的设计，应通过节约资源和减少整个产品生命周期中的物理和视觉污染而保护环境。

10. 优良的设计是简洁的设计

设计应当只专注于产品的关键部分，而不应使产品看起来纷乱无章。简单而纯粹的设计才是最优秀的。

课后作业

【任务】根据本项目的讲述，完成一款针对另一目标人群的概念通信产品的设计。如儿童用手机、户外运动对讲机、工程车载电话机等，可从中任选一项进行设计。

【要求】

（1）能够基于特定用户的体验，发现通信产品存在的问题。

（2）能够对通信产品存在的问题进行分析。

（3）能够解决特定用户通信产品的问题。

（4）能熟练操作软件，制作概念通信产品二维效果图。

（5）能够完善概念通信产品的设计方案。

CorelDRAW 工业设计快捷键汇总表

1. 显示导航窗口（Navigator Window）	【N】
2. 运行 Visual Basic 应用程序的编辑器	【Alt】+【F11】
3. 保存当前的图形	【Ctrl】+【S】
4. 打开编辑文本对话框	【Ctrl】+【Shift】+【T】
5. 擦除图形的一部分或将一个对象分为两个封闭路径	【X】
6. 撤销上一次的操作	【Ctrl】+【Z】
7. 撤销上一次的操作	【Alt】+【BackSpase】
8. 垂直定距对齐选择对象的中心	【Shift】+【A】
9. 垂直分散对齐选择对象的中心	【Shift】+【C】
10. 将文本更改为垂直排布（切换式）	【Ctrl】+【.】
11. 打开一个已有绘图文档	【Ctrl】+【O】
12. 打印当前的图形	【Ctrl】+【P】
13. 打开“大小工具卷帘”	【Alt】+【F10】
14. 运行缩放动作然后返回前一个工具	【F2】
15. 运行缩放动作然后返回前一个工具	【Z】
16. 导出文本或对象到另一种格式	【Ctrl】+【E】
17. 导入文本或对象	【Ctrl】+【I】
18. 发送选择的对象到后面	【Shift】+【B】
19. 将选择的对象放置到后面	【Shift】+【PageDown】
20. 发送选择的对象到前面	【Shift】+【T】
21. 将选择的对象放置到前面	【Shift】+【PageUp】
22. 发送选择的对象到右面	【Shift】+【R】
23. 发送选择的对象到左面	【Shift】+【L】
24. 将文本对齐基线	【Alt】+【F12】
25. 将对象与网格对齐（切换）	【Ctrl】+【Y】
26. 对齐选择对象的中心到页中心	【P】
27. 绘制对称多边形	【Y】
28. 拆分选择的对象	【Ctrl】+【K】
29. 将选择对象分散对齐纸张水平中心	【Shift】+【P】
30. 将选择对象分散对齐页面水平中心	【Shift】+【E】
31. 打开“封套工具卷帘”	【Ctrl】+【F7】

32. 打开“符号和特殊字符工具卷帘” 【Ctrl】+【F11】
33. 复制选定的项目到剪贴板 【Ctrl】+【C】
34. 复制选定的项目到剪贴板 【Ctrl】+【Ins】
35. 设置文本属性的格式 【Ctrl】+【T】
36. 恢复上一次的“撤销”操作 【Ctrl】+【Shift】+【Z】
37. 剪切选定对象并将它放置在“剪贴板”中 【Ctrl】+【X】
38. 剪切选定对象并将它放置在“剪贴板”中 【Shift】+【Del】
39. 将渐变填充应用到对象 【F11】
40. 结合选择的对象 【Ctrl】+【L】
41. 绘制矩形，双击该工具便可创建页框 【F6】
42. 打开“轮廓笔”对话框 【F12】
43. 打开“轮廓图工具卷帘” 【Ctrl】+【F9】
44. 绘制螺旋形，双击该工具打开“选项”对话框的“工具框”选项卡 【A】
45. 启动“拼写检查器”，检查选定文本的拼写 【Ctrl】+【F12】
46. 在当前的工具和选择的工具之间切换 【Ctrl】+【Space】
47. 取消选择对象或对象群组所组成的群组 【Ctrl】+【U】
48. 显示绘图的全屏预览 【F9】
49. 将选择的对象组成群组 【Ctrl】+【G】
50. 删除选定的对象 【Delete】
51. 转到上一页 【PageUp】
52. 将镜头相对于绘画上移 【Alt】+【↑】
53. 生成“属性栏”并对准可被标记的第一个可视项 【Ctrl】+【BackSpase】
54. 打开“视图管理器工具卷帘” 【Ctrl】+【F2】
55. 在最近使用的两种视图质量间进行切换 【Shift】+【F9】
56. 用“手绘”模式绘制线条和曲线 【F5】
57. 使用该工具通过单击及拖动来平移绘图 【H】
58. 按当前选项或工具，显示对象或工具的属性 【Alt】+【BackSpase】
59. 刷新当前的绘图窗口 【Ctrl】+【W】
60. 将文本排列改为水平方向 【Ctrl】+【,】
61. 打开“缩放工具卷帘” 【Alt】+【F9】
62. 将全部对象最大化显示 【F4】
63. 将选定对象最大化显示 【Shift】+【F2】
64. 缩小绘图中的图形 【F3】
65. 将填充添加到对象，单击并拖动对象实现喷泉式填充 【G】
66. 打开“透镜工具卷帘” 【Alt】+【F3】
67. 打开“图形和文本样式工具卷帘” 【Ctrl】+【F5】
68. 退出 CorelDRAW 并提示保存活动绘图 【Alt】+【F4】
69. 绘制椭圆形和圆形 【F7】

70. 绘制矩形组 【D】
71. 将对象转换成网状填充对象 【M】
72. 打开“位置工具卷帘” 【Alt】+【F7】
73. 添加文本（单击添加“美术字”，拖动添加“段落文本”） 【F8】
74. 转到下一页 【PageDown】
75. 将镜头相对于绘画下移 【Alt】+【↓】
76. 线性标注 【Alt】+【F2】
77. 添加/移除文本对象的项目符号（切换） 【Ctrl】+【M】
78. 将选定对象按照对象的堆栈顺序向后移动一个位置 【Ctrl】+【PageDown】
79. 将选定对象按照对象的堆栈顺序向前移动一个位置 【Ctrl】+【PageUp】
80. 使用“超微调”因子向上微调对象 【Shift】+【↑】
81. 使用“细微调”因子向上微调对象 【Ctrl】+【↑】
82. 使用“超微调”因子向下微调对象 【Shift】+【↓】
83. 使用“细微调”因子向下微调对象 【Ctrl】+【↓】
84. 使用“超微调”因子向左微调对象 【Shift】+【←】
85. 使用“超微调”因子向右微调对象 【Shift】+【→】
86. 使用“细微调”因子向左微调对象 【Ctrl】+【←】
87. 使用“细微调”因子向右微调对象 【Ctrl】+【→】
88. 创建新绘图文档 【Ctrl】+【N】
89. 编辑对象的节点，双击该工具打开“节点编辑卷帘窗” 【F10】
90. 打开“旋转工具卷帘” 【Alt】+【F8】
91. 打开设置 CorelDRAW 选项的对话框 【Ctrl】+【J】
92. 打开“轮廓颜色”对话框 【Shift】+【F12】
93. 选择所有对象 【Ctrl】+【A】
94. 给对象应用均匀填充 【Shift】+【F11】
95. 显示整个可打印页面 【Shift】+【F4】
96. 将选择对象上对齐 【T】
97. 将选择对象下对齐 【B】
98. 左对齐选定的对象 【L】
99. 右对齐选定的对象 【R】
100. 水平对齐选择对象的中心 【E】
101. 垂直对齐选择对象的中心 【C】
102. 将镜头相对于绘画右移 【Alt】+【←】
103. 再制选定对象并以指定的距离偏移 【Ctrl】+【D】
104. 将“剪贴板”的内容粘贴到绘图中 【Ctrl】+【V】
105. 将“剪贴板”的内容粘贴到绘图中 【Shift】+【Ins】
106. 启动“这是什么?”帮助 【Shift】+【F1】
107. 重复上一次操作 【Ctrl】+【R】

108. 转换美术字为段落文本或反过来转换 【Ctrl】+【F8】
109. 将选择的对象转换成曲线 【Ctrl】+【Q】
110. 将轮廓转换成对象 【Ctrl】+【Shift】+【Q】
111. 使用固定宽度、压力感应、书法式或预置的“自然笔”样式来绘制曲线 【I】
112. 将镜头相对于绘画左移 【Alt】+【→】
113. 显示所有可用/活动的 HTML 字号的列表 【Ctrl】+【Shift】+【H】
114. 将文本对齐方式更改为不对齐 【Ctrl】+【N】
115. 在绘画中查找指定的文本 【Alt】+【F3】
116. 更改文本样式为粗体 【Ctrl】+【B】
117. 将文本对齐方式更改为行宽的范围内分散文字 【Ctrl】+【H】
118. 更改选择文本的大小写 【Shift】+【F3】
119. 将文本对齐方式更改为居中对齐 【Ctrl】+【E】
120. 将文本对齐方式更改为两端对齐 【Ctrl】+【J】
121. 将所有文本字符更改为小型大写字符 【Ctrl】+【Shift】+【K】
122. 删除文本插入记号右边的字 【Ctrl】+【Del】
123. 删除文本插入记号右边的字符 【Del】
124. 将文本插入记号向上移动一个段落 【Ctrl】+【↑】
125. 将文本插入记号向上移动一个文本框 【PageUp】
126. 添加/移除文本对象的首字下沉格式（切换） 【Ctrl】+【Shift】+【D】
127. 选定“文本”选项卡，打开“选项”对话框 【Ctrl】+【F10】
128. 更改文本样式为带下划线样式 【Ctrl】+【U】
129. 将文本插入记号向下移动一个段落 【Ctrl】+【↓】
130. 将文本插入记号向下移动一个文本框 【PageDown】
131. 显示非打印字符 【Ctrl】+【Shift】+【C】
132. 向上选择一段文本 【Ctrl】+【Shift】+【↑】
133. 向下选择一段文本 【Ctrl】+【Shift】+【↓】
134. 向上选择一个文本框 【Shift】+【PageUp】
135. 向下选择一个文本框 【Shift】+【PageDown】
136. 向上选择一行文本 【Shift】+【↑】
137. 向下选择一行文本 【Shift】+【↓】
138. 更改文本样式为斜体 【Ctrl】+【I】
139. 选择文本的结尾 【Ctrl】+【Shift】+【PageDown】
140. 选择文本的开始 【Ctrl】+【Shift】+【PageUp】
141. 选择文本框的开始 【Ctrl】+【Shift】+【Home】
142. 选择文本框的结尾 【Ctrl】+【Shift】+【End】
143. 选择文本的行首 【Shift】+【Home】
144. 选择文本的行尾 【Shift】+【End】
145. 选择文本插入记号左边的字 【Ctrl】+【Shift】+【←】

146. 选择文本插入记号右边的字 【Ctrl】+【Shift】+【→】
147. 选择文本插入记号左边的字符 【Shift】+【←】
148. 选择文本插入记号右边的字符 【Shift】+【→】
149. 显示所有绘画样式的列表 【Ctrl】+【Shift】+【S】
150. 将文本插入记号移动到文本框开头 【Ctrl】+【PageUp】
151. 将文本插入记号移动到文本框结尾 【Ctrl】+【End】
152. 将文本插入记号移动到文本框开头 【Ctrl】+【Home】
153. 将文本插入记号移动到行首 【Home】
154. 将文本插入记号移动到行尾 【End】
155. 移动文本插入记号到文本结尾 【Ctrl】+【PageDown】
156. 将文本对齐方式更改为右对齐 【Ctrl】+【R】
157. 将文本对齐方式更改为左对齐 【Ctrl】+【L】
158. 将文本插入记号向左移动一个字 【Ctrl】+【←】
159. 将文本插入记号向右移动一个字 【Ctrl】+【→】
160. 显示所有可用/活动字体粗细的列表 【Ctrl】+【Shift】+【W】
161. 显示一包含所有可用/活动字体尺寸的列表 【Ctrl】+【Shift】+【P】
162. 显示一包含所有可用/活动字体尺寸的列表 【Ctrl】+【Shift】+【F】

参 考 文 献

[1] 姜素英，河永民. Photoshop 产品造型设计经典[M]. 北京：人民邮电出版社，2004.

[2] 陶宏宇. 从造型到效果之美 Photoshop 外观设计[M]. 北京：电子工业出版社，2010.

[3] 柳涛，卢素然. 产品造型设计经典[M]. 北京：中国铁道出版社，2006.

[4] 江湘芸. 设计材料及加工工艺[M]. 北京：北京理工大学出版社，2003.